CATALOGUE

RAISONNÉ

Des Plantes, Arbres & Arbustes dont on trouve des Graines, des Bulbes & du Plant chez le Sieur ANDRIEUX, Marchand Grainier-Fleuriste & Botaniste du Roi.

Commercium omne, deficiente communi linguâ, cessabit. LINNÉ, Spec. plant.

A PARIS,

Chez ledit Sieur ANDRIEUX, Successeur du Sieur LEFEBVRE, Quai de la Mégisserie, à l'enseigne du Roi des Oiseaux & de la Renommée, ci-devant le Coq de la Bonne-Foi, près l'Arche-Marion.

M. DCC. LXXI.

8ºZ le Senne 12.151 (1)

A V I S.

LE Sieur ANDRIEUX ayant à cœur de contenter le Public avec toute la fidélité dont il est capable, n'a négligé aucun soin pour rendre ce Catalogue le plus exact qu'il a été possible.

On y trouvera la liste des Plantes utiles ou agréables dont il débite journellement les Graines, les Oignons & les Tubercules, & même du Plant soigneusement élevé: on y verra la liste des Arbres & Arbustes dont il fait habituellement des envois. Il a cru devoir s'en tenir là & ne pas faire mention de beaucoup d'autres Plantes plus précieuses, dont le commerce n'est pas aussi général. Les correspondances qu'il tient, tant avec la Hollande, l'Angleterre & autres pays étrangers, qu'avec plusieurs curieux du Royaume, le mettent à portée de satisfaire aux demandes qui lui seront faites sur les objets les plus rares de la Botanique.

Pour éviter toutes méprises dans les envois, & pour satisfaire au desir des amateurs, qui demandent depuis long-tems les noms latins de Botanique attachés aux noms françois de commerce; on a placé à chaque espèce dans une seconde colonne les noms latins que M. de Linné donne dans ses ouvrages, & qu'il appelle à juste titre les noms triviaux.

Lorsqu'on a été obligé d'ajouter un troisième nom pour distinguer quelque *Race*, dont M. de Linné n'a point parlé, on a eu soin de le faire connoître par un caractère différent & plus petit; ces noms, au reste, font également connus & ufités. Mais il n'a pas paru convenable d'en fabriquer de nouveaux pour diverses variétés annoncées dans la colonne françoise, parceque souvent ils n'auroient pas été significatifs, & que n'étant pas connus, ils n'auroient été préférables en rien aux noms françois vulgaires, même pour les étrangers, que l'on a eu principalement en vue dans ce travail.

On a de plus eu soin de mettre à chaque espèce, suivant l'usage des Marchands Hollandois & de tous les Botanistes, des marques qui indiquent la durée des plantes. Le signe du Soleil ☉ désigne les *Plantes Annuelles*, qui naissent & meurent dans une seule révolution de la terre autour du Soleil; le signe de Mars ♂ désigne les *Plantes Bisannuelles*; celui de Jupiter ♃ les *Plantes Vivaces*; & le signe de Saturne ♄ les *Arbres* ou *Arbustes*, dont la durée de la vie égale ou surpasse celle de la révolution de cette planette.

Mais on fera observer que quand il se trouve des signes avant & après le nom françois, ceux qui le suivent désignent toujours la durée réelle ou physique de la plante; & que ceux qui sont en marge ont rapport à leur durée utile.

Pour ne rien laisser à desirer à ceux qui se fourniront de graines chez le Sieur Andrieux, on a mis, à la suite de ce Catalogue, des observations par forme de calendrier sur le tems de les semer, & un détail plus circonstancié sur la manière d'établir les prairies artificielles & quelques autres grandes cultures nouvellement introduites dans ce pays.

CATALOGUE

CATALOGUE

RAISONNÉ

Des Graines, Bulbes & Plants qu'on trouve chez le Sieur ANDRIEUX.

I. RACINES POTAGERES.

⊙ Le Salfifis blanc   *Tragopogon porrifolium.*

♂ la Scorfonaire ou Salfifis   *Scorzonera hifpanica.*
    d'Efpagne

♃ le Topinambour   *Helianthus tuberofus.*

    Ce font les tubercules mêmes des racines que l'on vend pour planter au printems.

⊙ la Carote rouge ♂   *Daucus Carota.*
   la Carote jaune
   la Carote blanche

♃ le Chéruis   *Sium Sifarum.*

    On en vend auffi du plant d'un an au printems.

⊙ le Panais ♂   *Paftinaca fativa.*

⊙ le Celeri-ravé   *Apium graveolens dulce.*

♃ la Morelle - truffe,   *Solanum tuberofum.*

    Elle s'appelle vulgairement à Paris Pomme-de-terre, à Lyon Truffe, Patate en Angleterre, Crampir en Allemagne. Ce font fes tubercules qu'on plante au printems.

A

☉ le Navet ; ♂ de la graine de   *Brassica Napus.*
Vaugirard , de Meaux , de Freneuse, de Belleville & autres,
le Navet printannier , graine de Strasbourg.

☉ la Rabioule ou grosse ra-   *Brassica Rapa.*
ve ♂

☉ le Raifort , ou gros radis   *Raphanus sativus* major.
noir d'hiver ♂

le Radis noir d'été & d'automne

le Radis blanc   *Raphanus sativ.* rotundus
le petit Radis rond hâtif
le Radis rouge & rond
hâtif

la Rave de corail   *Raphanus sativ.* oblongus
la petite Rave hâtive
la Rave couleur de rose

☉ la Beterave rouge ♂   *Beta vulgaris.*
la Beterave de Castelnau-
dari

la Beterave jaune   *Beta vulgaris* lutea.

☉♂ la Raiponce   *Campanula Rapunculus.*

II. PLANTES BULBEUSES POTAGERES.

☉ Le Poireau ♂   *Allium Porrum.*
♃ l'Ail   *Allium sativum.*

On n'en vend point de graines , mais des gousses pour
replanter.

♃ la Rocambole   *Allium Scorodoprasum*
Ce sont les bulbes qui naissent dans sa tête , qu'on vend &
qu'on nomme improprement ses graines.

☉ l'Oignon rouge ♂   *Allium Cepa.*
l'Oignon pâle
l'Oignon blanc
le petit Oignon blanc de
Florence

l'Oignon d'Espagne
℞ l'Echalotte ; du plant,   *Allium ascalonicum.*
⊙ la Ciboule ♂   *Allium fistulosum.*
℞ la Ciboulette ou Civette,   *Allium Schœnoprasum*
    point de graine, mais du plant.

III. VERDURES ET GROSSES PLANTES POTAGERES.

℞ L'Asperge d'Aubervil-   *Asparagus officinalis.*
    liers
la vraie Asperge de Hol-
    lande
    On en vend aussi du plant de toutes deux depuis Février
jusqu'en Mai.
℞ le gros Artichaud de Laon   *Cynara Scolymus.*
l'Artichaud violet
    On en trouve aussi du plant de Février en Mai.
le petit Artichaud de Pro-
    vence
⊙ le Cardon de Tours ♂   *Cynara Cardunculus.*
le Cardon d'Espagne
    Et du plant des deux en Mai, Juin & Juillet.
⊙♂ le Chou-cavalier   *Brassica oleracea viridis.*
le Chou rouge   *Brassica oleracea rubra.*
le vrai Chou rouge de Hol-
    lande
le Chou d'hiver à grosse   *Brassica oleracea capitata.*
    côte
le Chou pancalier
le Chou pommé de Saint-
    Denis
le Chou pommé de Bon-
    neuil hâtif
le gros Chou pommé d'Al-
    sace

A ij

le gros Chou de Milan	*Braſſica oleracea ſabauda.*
le petit Chou de Milan	
le Chou de Savoie friſé & pommé	
le Chou pyramidal pana-ché	*Braſſica oleracea ſabellica.*
le Chou-fleur dur	*Braſſica oleracea botrytis.*
le Chou-fleur tendre	
le Chou-fleur d'Angle-terre hâtif	
le Chou-fleur de Hollande	
le Chou-fleur d'Italie	
le Chou-fleur de Malthe	
le Chou-fleur de Chypre	
le Chou Brocolis blanc de Malthe.	
le Chou Brocolis violet de Malte	
le Chou-rave ou de Siam	*Braſſ. oleracea gongylodes*
le Chou-navet	*Braſſ. oler.acea Napo-braſ-ſica.*

Outre toutes ces graines de Chou, le ſieur Andrieux four-nira du plant de la plupart ſur-tout au printems & dans la ſaiſon propre à chacun.

☉	l'Arroche ou Belledame	*Atriplex hortenſis.*
☉	la Poirée ♃	*Beta Cicla* viridis.
	la Poirée blonde à Cardes.	*Beta Cicla* alba.
☉	l'Epinar	*Spinacia oleracea.*
	l'Epinar de Hollande ou gros Epinar	
♃	l'Oſeille de Belleville.	*Rumex acetoſa.*
	l'Oſeille vierge	*Rumex acetoſa* latifolia.

On en vend du plant au printems & en Automne, mais point de graine ; car cette race des montagnes n'en porte point ici, les individus que nous avons étant tous femelles.

IV. GRAINES LÉGUMINEUSES.

⊙ Le Haricot de Soiſſons   *Phaſeolus vulgaris.*
le Haricot ſans parche-   *Phaſeolus nanus.*
     min
le Haricot ſuiſſe noir.
— le brun
— le rouge
— le blanc
le Haricot nain de Hollan-
     de hâtif
le Haricot nain de Laon
     hâtif
⊙ la Geſſe ou Lentille d'Eſ-   *Lathyrus ſativus.*
     pagne
⊙ le Pois-michaud   *Piſum ſativum.*
le Pois-dominé
le Pois couronné
le Pois anglois
le Pois de Marly
le Pois-laurent
le Pois de Clamart
le Pois du mont Salvé
le Pois ſans pareil
le Pois quarré blanc   *Piſum ſativum quadratum.*
le Pois au cul noir
le Pois ſans parchemin
le Pois turc
le Pois nain de Hollande
le Pois nain à bouquet   *Piſum ſativum umbella-*
le Pois nain ſans parche-   *tum.*
     min
le Pois vert normand   *Piſum ſativum*
⊙ la Garvance, ou le Pois-   *Cicer arietinum.*
     chiche blanc

⊙ la Fève de marais	*Vicia Faba* major.
la grosse Fève de Windsor	
la petite Fève dite Julienne	*Vicia Faba* minor.
⊙ la Vesce blanche ou Lentille de canada.	*Vicia sativa* alba.
⊙ la Lentille	*Ervum Lens.*
la Lentille à la reine	

V. SALADES ET FOURNITURES.

⊙ Les Laitües pommées, *Lactuca sativa* capitata.
    savoir,
  la petite-Crêpe
  la grosse-Crêpe
  la Gotte printaniere
  la George
  la Grosse blonde
  la Dauphine
  la Perpignane
  la Bapaume
  la Batavia ou de Siléfie
  la Mousseronne
  la Savoie
  la Grosse-brune
  la Petite-hollandoise
  la Grosse-blonde hollandoise
  la Rouge
  la Flagellée
  la Coquille
  la Passion
  la Roulette rouge
  la Roulette blanche
  l'Italie
  la Royale

A

la Pareffeufe
la Cocaffe
la Verfailles
l'Impériale ou Allemande
la Palatine
la Sans-pareille
& les Laitues à couper.

la Laitue d'épinar.	*Lactuca fativa*
les Laitues-romaines ou Chicons ;	*Lactuca fativa* romana.

savoir,

la Romaine d'hiver
— la brune
— la verte
— la blonde
— la panachée

☉ la Chicorée ♂	*Cichorium Endivia.*
la Chicorée de Meaux	
la Chicorée fine d'Italie	
la Scarole	*Cichorium Endivia* latifolia.
☉♃ la Chicorée fauvage	*Cichorium Intybus.*
— la panachée	
♃ l'Eftragon , du plant.	*Artemifia Dracunculus.*
☉ la Mâche commune	*Valeriana Locufta* olitoria.
la Mâche d'italie ou de la Régence.	*Valeriana Locufta* oblonga.
♃ la Bacille ou Percepierre	*Crithmum maritimum.*
☉ le Cerfeuil	*Scandix Cerefolium.*
☉ le Fenouil à faire blanchir	*Anethum Fœniculum.*
☉ le Céleri plein	*Apium graveolens* dulce.
le Céleri couleur de rofe	
petit Céleri de Paris à couper.	
le Celeri-rave	
☉ la Bourache , pour ses fleurs.	*Borago officinalis.*
le Nafitort ou Creffon alénois.	*Lepidium fativum.*

le petit Nasitort frisé
le grand à feuilles d'oseille

☉ la Roquette   *Brassica Eruca.*
☉ la Balsamine.   *Impatiens Balsamina.*
    Ses fleurs se mettent dans les salades.
☉ la Capucine   *Tropœolum majus.*
☉ la petite Capucine.   *Tropœolum minus.*
♃ l'Alleluia ou Oxalide   *Oxalis Acetosella.*
    De la graine & du plant.
☉ la Corne-de-cerf ou le Co-   *Plantago Coronopus.*
   ronope ♃
☉ le Pourpier   *Portulaca oleracea.*
☉♂ la Raiponce   *Campanula Rapunculus.*

On trouvera aussi dans le courant du printems & de l'été, du plant des meilleures Laitues & Romaines, de Chicorée & de Scarole.

VI. PLANTES AROMATIQUES.
POTAGERES.

♂ L'Angélique   *Angelica Archangelica.*
♃ Le Cerfeuil musqué.   *Scandix odorata.*
   Sa graine étant longue à lever, on pourra en trouver du jeune plant d'un an.

♃ le Fenouil doux, ou Anis   *Anethum Fœniculum*
   de Paris
☉ l'Anis   *Pimpinella Anisum*
♃☉♂ le Persil   *Apium Petroselinum.*
   le gros Persil
♃ le Romarin   *Rosmarinus officinalis.*
♃ la Sauge   *Salvia officinalis.*
♃ la Lavande   *Lavandula Spica.*
♃ la Marjolaine   *Origanum Majorana.*
♃ le Thim   *Thymus vulgaris.*

On vend aussi & plus communément du plant de ces cinq dernieres pour les bordures des potagers.

⊙ la Sarriette   *Satureia hortensis.*
⊙ le grand Basilic   *Ocimum monachorum.*
⊙ la Moldavique   *Dracocephalum moldavica*

  On trouvera plus bas la recette du Ratafia qu'on fait de ses fleurs.

♈ la Violette double,   *Viola odorata* plena.
  Du plant

⊙ la Nigelle aromatique ou   *Nigella sativa.*
  l'Epicerie

♈ l'Œillet à Ratafia ;   *Dianthus Caryophyllus.*
  Graines & marcottes, ou des pieds suivant les saisons.

VII. FRUITS DE POTAGER.

⊙ Le Maïs ou Blé de tur-   *Zea Mays.*
  quie, dont les jeunes épis se mangent en cornichons.

⊙ le grand Chilé, Piment ou   *Capsicum grossum.*
  Poivre long

⊙ la Mélongène ou Auber-   *Solanum Melongena.*
  gine

⊙ la Tomate ou Pomme d'a-   *Solanum Lycopersicum.*
  mour

⊙ le Giclet ou Concombre   *Momordica Elaterium.*
  d'attrape, qui n'est que de curiosité.

  le Concombre jaune   *Cucumis sativus.*
  — le hâtif blanc
  — le vert pour cornichons.

⊙ le Concombre-serpent.   *Cucumis flexuosus.*
  Il a trop peu de chair pour être fricassé ; mais on en fait des cornichons.

⊙ le Melon-maraicher   *Cucumis Melo* vulgaris.
  le Melon de Coulomier
  le Melon des carmes, gros
   & petit
  le Melon-langeais   *Cucumis Melo* striatus.
  le Melon sucrin de Tours   *Cucumis Melo* saccharatus.

	le Cantaloup plat & autres des meilleurs.	*Cucumis Melo* verrucosus.
◉	la Citrouille	*Cucurbita Pepo* oblongus.
	le Potiron	*Cucurbita Pepo* rotundus.
	le Potiron brodé	
	le Potiron vert	
	le Giraumon noir	*Cucurb. Pepo* americanus.
	le blanc à verrues	
	le moucheté dit Citrouille de Barbarie, & autres des meilleurs.	
◉	le Paſtiſſon, Bonnet d'électeur, ou Artichaut de Jéruſalem	*Cucurbita Melopepo*
	le petit à bandes, de diverses formes.	
	le Pépon à verrues	*Cucurbita verrucoſa.*
◉	les Giraumonets à bandes & ſans bandes	*Cucurbita ovifera.*
◉	la Paſteque, ou le Melon d'eau	*Cucurbita Citrullus.*
◉	la Courge	*Cucurbita lagenaria.*
◉	la Courge longue	*Cucurbita lagenaria* longa.

C'eſt dans le nombre des Paſtiſſons, des Pépons & des Giraumonets que ſe trouvent tous ces fruits de montre qu'on garde pour la beauté, & qu'on nomme Oranges, Poires, Coloquintes, &c. &c.

♃ LES FRAISIERS, *ſavoir* :

Le Fraiſier à fleurs ſemi-doubles, qui rapporte de bons fruits.	*Fragaria* silvestris multiplex.
le Fraiſier hâtif d'Angleterre, à élever ſous châſſis,	*Fragaria* silvestris minor. tant le rouge que le blanc.
le Fraiſier des mois, qui produit juſqu'aux gelées sans ſecours	*Fragaria* silvestris semper florens.
Le Fraiſier-buiſſon, qui ne produit point de coulans ;	*Frag.* silvest. efflagellis. tant le rouge que le blanc.

le Fraisier de versailles,   *Frag.* silvest. monophylla.
qui a les feuilles simples & les queues des fruits feuil-
lues.

LES BRESLINGES OU FRAISIERS VERTS;
Savoir :

Le Fraisier vert , d'Angle-terre ,	*Fragaria* pratensis viridis.
le Fraisier - brugnon de Suède.	*Fragaria* pratensis Linnæi.
le Fraisier-breslinge , de la Thuringe	*Fragaria* pratensis nigra.
le Fraisier de lonchamp	*Frag.* pratensis Vaillantii.
le Fraisier de bargemon	*Frag.* pratentis Cesalpini.
le Fraisier vineux,de Cham-pagne	*Fragaria* prat. angulosa.
le Fraisier de mignone	*Fragaria* prat. granulosa.

LES CAPERONIERS OU FRAISIERS MUSQUÉS;
Savoir :

Le Caperonier royal	*Fr.* moschata hermaphrodita.
le Caperonier framboisé ,	*Frag.* moschata dioica.

   & autres variétés à fleurs semi-doubles , feuilles cré-
pues , &c.

LES QUOIMIOS OU FRAISIERS D'AMÉRIQUE;
Savoir :

Le Fraisier écarlate	*Frag.* americana coccinea.
le Fraisier-ananas	*Frag.* americana ananassa.
le Fraisier de bath	*Frag.* americana Milleri
le Fraisier de caroline	*Frag.* americana lucida
le Fraisier-quoimio	*Frag.* americana tincta
le Frutiller , ou Fraisier du chili , à fruits de la grosseur d'œufs de poule.	*Frag.* chiloensis dioica.
le Frutiller royal	*Frag.* chiloensis hermaph.

On trouvera toujours chez le sieur Andrieux des graines des différens Fraisiers rapportés ci-dessus; mais il est plus prompt & plus sûr d'employer du plant dont il fournira les curieux; il avertit seulement que les Quoimios & les trois derniers Breshinges dégénèrent beaucoup plus dans les semis que les Fraisiers proprement dits & les Caperoniers. Il y a sur-tout de l'avantage à semer les Fraisiers hâtifs, les Fraisiers-buissons & les Fraisiers des mois. On avertit encore les cultivateurs que dans les Caperoniers élevés de graine, il se trouve toujours moitié de pieds mâles qui sont stériles, mais sans lesquels les femelles le sont aussi, à moins qu'on ne les plante mêlées avec du Caperonier royal, qui est hermaphrodite, & que le Frutiller a pareillement besoin d'être joint ou au Frutiller royal ou au Caperonier royal, ou aux autres Quoimios, mais pour le mieux au Fraisier-ananas qui fleurit dans sa même saison *.

3) le Framboisier des Alpes,   *Rubus idæus* alpinus.
    qui porte du fruit en Juin, en Septembre & Octobre.

---

* M. Duchesne, auteur de l'Histoire naturelle des Fraisiers, a bien voulu nous gratifier tant des graines que du plant des Fraisiers ci-dessus.

* *Fragariarum nomina trivialia a celeberrimo D. C. Linnæo non relata, eum seminibus ipsis seu radicibus vivis, a D. Duchesne accepimus.*

VII. FLEURS ET PLANTES DE CURIOSITÉ.

☿ Le Balisier ou la Canne d'inde   *Canna indica.*

☿ l'Iris de Suze   *Iris susiana.*

☿ l'Iris de Florence   *Iris florentina.*

☿ l'Iris odorant   *Iris sambucina.*

☿ l'Iris panaché   *Iris variegata.*

☿ l'Iris nain   *Iris pumila*

☿ l'Iris-hermodate   *Iris tuberosa*

☿ l'Iris bulbeux   *Iris Xiphium.*

℞ l'Iris de Perſe	*Iris perſica.*
℞ le Safran	*Crocus ſativus officinalis.*
℞ le Safran printanier, dit Crocus	*Crocus ſativus vernus.*
℞ le Narciſſe jaune, ou Aïaut double.	*Narciſſus Pſeudonarciſſus.*
℞ le Narciſſe blanc, ou la Jeannette, double	*Narciſſus poeticus.*
℞ le Narciſſe blanc à bou-quets, dit Totus albus.	*Narciſſus albus.*
℞ le Narciſſe odorant, dit Soleil d'or	*Narciſſus Tajetta.*
℞ le Narciſſe de Conſtanti-nople.	*Narciſſus orientalis.*

Et tous ces mêmes Narcisses simples au compte & au boisseau.

℞ la Jonquille ſimple	*Narciſſus Jonquilla*
la Jonquille double	
la groſſe Jonquille de Caen	
℞ l'Emérocale	*Hemerocallis flava.*
℞ l'Emérocale orangée	*Hemerocallis fulva.*
℞ la Greneſienne	*Amaryllis ſarnienſis.*
℞ la Greneſienne belladonne	*Amaryllis Belladonna.*
℞ le Lis	*Lilium candidum.*
℞ le Lis orangé	*Lilium bulbiferum.*
℞ le Martagon pomponien.	*Lilium pomponium.*
℞ le Lis-émérocale	*Lilium chalcedonium.*
℞ le Martagon	*Lilium Martagon.*
℞ la Fritillaire impériale ou Couronne impériale	*Fritillaria imperialis.*

De toutes ces plantes un grand nombre de variétés des plus belles.

℞ les belles Tulipes dénom-mées; en particulier	*Tulipa geſneriana.*

la Tulipe odorante, dite Duc de Thol, qui fleurit en Janvier, Février & Mars, plantée en Octobre, No-vembre & Décembre.

& les Tulipes communes au compte ou au boisseau.

♃ les Jacintes doubles de *Hyacinthus orientalis*. Hollande, distinguées par nom, de différentes nuances, bleues, blanches, rouges, violettes, pourpres, couleur de chair, jaunes, &c.

les Jacintes doubles, dites Civilis, Lionnaifes & autres de Hollande sans nom, de toutes les couleurs.

les Jacintes fimples, dites Passes tout de Hollande.

les Jacintes communes, au compte & au boisseau, & de la graine de ces Jacintes des plus belles.

On trouve auffi chez le fieur Andrieux des Jacintes & autres oignons ou fleuris en pot & en caraffe, ou avancés pour fleurir eu hiver.

♃ le Mufcari	*Hyacinthus mufcari*
♃ la Scille ou Jacinte de mai	*Scilla amena.*
♃ la Tubéreufe double la Tubéreufe fimple	*Polyanthes tuberofa.*
♃ l'Alpifte-rofeau panaché, ou Ruban	*Phalaris arundinucea* picta.
☉ la Larmière ou Larme-de-job	*Coix Lachryma jobi.*
♃ le Rofeau panaché ou grand Ruban	*Arundo Donax* picta.
♃♂ la Catanance	*Catananche cœrulea.*
☉ les Bluets ou Barbeaux de plusieurs couleurs.	*Centaurea cyanus.*
☉ l'Ambrette rouge & blanche	*Centaurea mofchata.*
l'Ambrette jaune ou Barbeau jaune	*Centaurea mofchata Amberboi.*
☉♂ la Sérante ou grande Immortelle. On en vend aussi du plant.	*Xeranthemum annuum.*
♂ l'Obélifcaire	*Rudbeckia hirta.*
☉ le Soleil ou Vofacan	*Helianthus annuus.*
♃ le Soleil vivace ou petit Vofacan, du plant & non de la graine.	*Helianthus multiflorus.*
☉ la Bréfine ou Zinnia.	*Zinnia multiflora.*

♃ la Coriope découpée : du   *Coreopfis tripleris* minor.
    plant.

☉ la Tagète ou œillet d'inde   *Tagetes patula*

☉ la grande Tagète ou Rofe   *Tagetes erecta*
    d'inde

♃☉ la Crifaine ou Chryfanthe-   *Chryfanthemum corona-*
    mum   *rium,*

    On vend au printems des boutures de la double, ce qui
    la conferve comme vivace.

♃ l'After, ou *oculus-chrifti*   *After Amellus.*
    & divers autres Asters plus rares.

☉ la Reine-marguerite-vio-   *After chinenfis.*
    lette, gris de lin, rouge, couleur de chair, blanche,
    les mêmes panachées ; & les perites à pompons.

♃ la Santoline : & du plant.   *Santolina Chamæ-cyparif-*
                                         fias.

☉♂ le Souci-double   *Calendula officinalis.*

♃ l'Immortelle jaune : du   *Gnaphalium orientale.*
    plant

♃ l'Aurone : du plant.   *Artemifia Abrotanum,*

♃ la Valériane éperonnée   *Valeriana rubra.*

♂☉ la Scabieufe odorante   *Scabiofa atropurpurea*

♃♂ la Scabieufe-immortelle   *Scabiofa ftellata.*

♃ la Primevère, graine & plant   *Primula veris.*
    & du plant de celles à fleurs doubles.

    la Primevère à bouquets   *Primula veris elatior.*
    des curieux (graines & œilletons)

♃ l'Auricule ou oreille-d'ours   *Primula Auricula.*
    & des œilletons des plus belles variétés.

    le Ciclame   *Ciclamen europeum.*

    le Liferon des indes, dit   *Convolvulus hederaceus.*
    Volubilis.

☉ la Belle-de-jour   *Convolvulus tricolor.*

♃ la Polémoine ou Valéria-   *Polemonium coeruleum.*
    ne grecque

    le Floxe   *Phlox maculata.*

♃ la Digitale, graine & plant   *Digitalis purpurea.*

☉♄ la Pervanche de Mada-   *Vinca rofea.*
    gafcar ♄

☉♄ l'Héliotrope du Pérou, ♄   *Heliotropium peruvianum*
des graines & des pieds en pot.

☉ la Moldavique   *Dracocephal. Moldavica.*

☉ le petit Bafilic   *Ocimum mininum*
le petit Bafilic violet.

le Bafilic à feuille d'ortie   *Ocimum Bafilicum.*
le Bafilic à feuille de laitue   *Ocimum monachorum.*

☉ le Tarafpic blanc & le gris   *Iberis umbellata.*
de lin.

♃ le Tarafpic vivace   *Iberis fempervirens.*

♄ le Tarafpic d'hiver   *Iberis femperflorens.*

♃ l'Aliffe dorée ou Taraf-   *Alyffum incanum.*
pic-jonquille

♂ la Barbarée ou Julienne   *Eryfimum Barbarea.*
jaune

♃♂ la Julienne.   *Hefperis matronalis.*

♃ la Julienne double : du
plant

♂♃♄ la Giroflée jaune   *Cheiranthus Cheiri.*
la Giroflée jaune double
des plus belles.

☉ la Quarantaine de diffé-   *Cheiranthus annuus.*
rentes couleurs
la Quarantaine greeque.

♃♂ la Giroflée, les doubles de   *Cheiranthus incianus.*
toutes sortes en pots ou en plant.

la Giroflée royale blanche
& rofe

☉ le Pavot double :   *Papaver fomniferum.*
Plusieurs sortes de diverses couleurs.

☉ le Coquelicot double   *Papaver Rhæas.*
De plusieurs couleurs

☉ la Balzamine double :   *Impatiens Balfamina.*
De plusieurs couleurs.

☉ la Balzamine jaune.   *Impatiens Noli-tangere.*

♃ l'Hépatique :   *Anemone Hepatica.*
Du plant des diverses sortes.

l'Anémone

♃ l'Anémone; de la graine &   *Anemone coronaria,*
des pattes des plus belles variétés.

♃ la Renoncule , graine &   *Ranunculus afiaticus.*
griffes des doubles & des semi-doubles des plus belles.

☉ le Pied-d'allouette , ou la   *Delphinium ajacis.*
Delphinette double , de plusieurs couleurs.

♃ l'Aconit , graine & plant.   *Aconitum Napellus.*

☉ la Nigelle , ou le Cheveu   *Nigella damafcena.*
de Vénus.

♃ la Fraxinelle , graine &   *Dictamnus albus.*
plant.

☉♄ le Geranium ou la Gérai-   *Geranium zonale.*
ne odorante ♄

le même à feuilles panachées & autres variétés : de la
graine des espèces qui en rendent, & du plant de toutes les variétés.

♃♄ la Grenadille, ou Fleur de   *Paffiflora coerulea.*
la paffion , graine & plant. ♄

♃ le Mouffelin, sorte de pe-   *Moerhingia mufcofa.*
tit gazon à fleurs blanches, graine & plant.

♂ l'Œillet-bouquet, ou Œil-   *Dianthus carthufianorum*
let de poëte : graine &   latifolius.
plant des simples & des doubles.

♃ l'Œillet d'Espagne dou-   *Dianthus barbatus.*
ble, du plant.

☉♃ l'Œillet de la Chine , dou-   *Dianthus chinenfis.*
ble panaché de plusieurs couleurs. ♃

♃ l'Œillet double piqueté ,   *Dianthus Caryophyllus.*
ou panaché : de la graine & des marcottes des plus
belles variétés.

☉ le Mufcipula   *Silene Mufcipula.*

♃ la Coronaire ou grande   *Agroftemma Coronaria,*
Coquelourde & du plant de la double.

♃ la Niquenique ou Véro-   *Lychnis Flofcuculi.*
nique double ; du plant.

♃ la Bourbonnoife double,   *Lychnis Vifcaria.*
du plant.

♃ la Licnide ou Croix de Jé-   *Lychnis chalcedonica.*
rufalem blanche & rouge & du plant des variétés à
fleurs doubles.   B

♃ la Merveille, ou Belle de   *Mirabilis Jalapa*
   nuit

♃ la Merveille du Mexique :   *Mirabilis longiflora.*
   du plant.

♃ le Plantain-rose   *Plantago major rosea.*

☉ l'Amarante à queue de re-   *Amaranthus caudatus.*
   nard

☉ le Tricolor   *Amaranthus tricolor.*

☉ l'Amarantoïde   *Gomphrena globosa.*

☉ le Passe-velours ou Ama-   *Celosia cristata.*
   rante à palme rouge & jaune

☉ le Blit ou Epinar-fraise   *Blitum capitatum.*

☉ le Belveder   *Chenopodium Scoparia.*

☉ la Persicaire du levant   *Polygonum orientale.*

☉ la Glaciale   *Mezembrianthemum crys-*
   tallinum.

♂ la Mauve en arbre   *Lavatera arborea.*

☉♂♃ la Passerose ou Rose-tre-   *Alcea rosea.*
   mière de toutes couleurs, & du plant d'un an. ♃

☉♄ la Sensitive : & des pieds   *Mimosa pudica.*
   en pots. ♂

☉♄ la Sensitive paresseuse ♄   *Mimosa pernambucana.*

☉ le Haricot d'Espagne, &   *Phaseolus vulgaris cocci-*
   du plant.   *neus.*

☉ le Lupin panaché   *Lupinus varius.*

☉ la Gesse odorante, ou le   *Lathyrus odoratus.*
   Pois d'odeur.

♃ la Gesse, ou Pois à bouquet   *Lathyrus latifolius.*

♂ le Sainfoin d'Espagne   *Hedysarum coronarium.*

☉♃ le Baguenaudier rouge ♄   *Colutea frutescens.*

♃ l'Etépin, qui grimpe com-   *Glycine monoica.*
   me un haricot, repousse chaque année, & garnit les
   treillages les plus ombragés.

♃ la Campanule   *Campanula persicifolia.*
   la Campanule double : du
   plant.

♂ la Pyramidale   *Campanula pyramidalis.*

♂ le Chambon ou Herbe aux   *Œnothera biennis.*
   ânes.

⊙ la Cardinale — *Lobelia Cardinalis.*
⊙ la Cardinale bleue — *Lobelia siphylitica.*
⊙ le Giclet ou Concombre — *Momordica Elaterium.*
  d'attrape
⊙ le Ricin ou Palma-Christi — *Ricinus communis.*

ON trouvera des graines de Gazons triées des meilleures espèces vivaces des bas prés, qui forment ensemble des tapis serrés, verts & durables, y compris le Rai-grass & le Fromental ; savoir :

♃ la Flouve — *Anthoxanthum odoratum.*
♃ le Fromental — *Avena elatior.*
♃ l'Avenette blonde — *Avena flavescens.*
♃ l'Avenette argentée — *Avena pratensis.*
♃ la Cretelle — *Cynosurus cristatus.*
♃ le Painvin — *Lolium perenne.*
⊙ l'Amourette tremblante — *Briza media.*
♃ la Poherbe des prés — *Poa pratensis.*
♃ la Poherbe des bois — *Poa angustifolia.*
♃ la Poherbe des friches — *Poa trivialis.*

VIII. ARBRES A FLEURS ET ARBUSTES.

LA Buplèvre ou Séseli — *Buplevrum fruticosum.*
  d'Ethiopie
la Morelle-Cerisette, dite — *Solanum Pseudocapsicum.*
  Amomum
le Lilas — *Syringa vulgaris.*
l'Héliotrope du Pérou — *Heliotropium peruvianum.*
  Pour faire lever cette graine, le mieux est de ne la point enterrer, mais de couvrir la terre de Mousse & de l'entretenir humide.
la Quetmie, dite Althæa — *Hibiscus syriacus.*
  frutex
le Gaînier ou Arbre de Ju- — *Cercis Siliquastrum.*
  dée

le Genêt d'Espagne	*Spartium junceum.*
le Citise des Alpes	*Cytisus Laburnum.*
le Baguenaudier	*Colutea arborescens.*
l'Amorfise ou Indigo bâtard	*Amorpha fruticosa.*
le Piracante ou Buisson ardent.	*Mespilus Pyracantha.*
l'Aubépin, ou Epine blanc-	*Cratagus Oxyacantha.*
le Cormier ou Sorbier	*Sorbus domestica.*
le Cochêne ou Sorbier des oiseaux	*Sorbus aucuparia.*
le Sumac de Canada	*Rhus typhinum.*
le Tuyer ou Arbre de vie	*Thuya occidentalis.*
le Tuyer de la Chine	*Thuya orientalis.*

ARBRES DE FORÊTS, D'AVENUES, OU DE JARDINS DE PROPRETÉ.

LE Troêne	*Ligustrum vulgare*
le Frêne	*Fraxinus excelsior.*
le Tilleul	*Tilia europea.*
le Tilleul de Hollande	*Robinia Pseudo-acacia.*
l'Acacia	*Acer Pseudo-platanus.*
l'Erable-sicomore	*Acer Platanoides.*
l'Erable plane	*Acer Platanoides.*
le Charme	*Carpinus Betulus.*
le Hêtre	*Fagus silvatica.*
l'Orme	*Ulmus campestris.*
le Chêne	*Quercus Robur.*
l'Yeuse ou Chêne-vert	*Quercus Ilex.*
le Mûrier blanc	*Morus alba.*
le Mûrier à la rose	
l'If	*Taxus baccata.*
le Ciprès	*Cupressus sempervirens.*
le Pin	*Pinus Pineas.*
le Pin de Hollande	*Pinus silvestris.*
le Cèdre du Liban	*Pinus Cedrus.*
le Sapin	*Pinus Picea.*
le Sapin de Piémont	

IX. FOURAGES.

♃ La grande Maſſette ou Thimoty des Anglois.	*Phleum pratenſe.*
♃ le Fromental ou Rai-grass de Dom Miroudot (*a*)	*Avena elatior.*
♃ le grand Painvin ou Ray-grass d'Angleterre	*Lolium perenne.*
♃ la Poherbe de Virginie, Birds-grass, ou Graine d'oiseaux.	*Poa capillaris.*
♃ la grande Pimpinelle	*Poterium Sanguiſorba.*
♃ la Morelle-truffe	*Solanum tuberoſum.*
☉ la Guède ou le Paſtel ♂	*Iſatis tinctoria.*
☉ la Rabioule, Turnep des Anglois, ou vraie Rave des Anciens. ♂	*Braſſica Rapa.*
☉ la Spergule ♂	*Spergula arvenſis.*
♃ l'Ajonc ou Jomarin ♄	*Ulex europeus.*
♃ la Luzerne la Luzerne de Provence	*Medicago ſativa.*
♂ la Lupuline, ou le Trèfle noir ♂	*Medicago lupulina.*
♃ le Trèfle de Hollande	*Trifolium pratenſe.*
♃ le Sainfoin	*Hedyſarum Onobrychis.*

AUTRES PLANTES DE GRANDE CULTURE.

♃ Le Saffran ; des oignons.	*Crocus officinalis.*
☉ l'Alpiſte	*Phalaris canarienſis.*
☉ le Sorgo	*Holeus Sorghum.*
☉ le Panis ou petit Millet	*Panicum italicum.*
☉ le Millet	*Panicum miliaceum.*

(*a*) L'on ne tient point de graine de l'Orge ſauvage connu ſous le nom de *Riegraſſ* & *de faux Seigle*, *Hordeum murinum*, parce que ce fourage ne vaut rien.

B iij

⊙ le Soucrion, ou Orge nu	*Hordeum diftichum nudum.*
⊙ le Froment de Smirne ou Blé de miracle	*Triticum æftivum* palma-tum.
⊙ le Maïs ou Blé de tur-quie	*Zea Mays.*
♃ la Garance	*Rubra tinctorum.*
♃ la Soyeufe ou Ouatte	*Afclepias fyriaca.*
⊙ le Colfa	*Braffica arvenfis.*
⊙ le Lin de Riga	*Linum ufitatiffimum.*
⊙ le Chanvre de Piémont	*Cannabis fativa* gigantea.

X. GRAINES D'USAGE EN NATURE,

ou de diverses plantes médicinales, &c.

L'*Oignon* de Lis	*Lilium candidum.*
l'Alpifte	*Phalaris canarienfis.*
la Larmière, ou Larme de Job	*Coix Lachryma Jobi.*
le *Gruau de Bretagne*, ou Avoine mondée	*Avena fativa*
le Millet	*Panicum miliaceum.*
le Panis	*Panicum italicum.*
l'Orge *mondé*	*Hordeum diftichum.*
la Laitue	*Lactuca fativa.*
la Chicorée	*Cichorium Endivia.*
la Scarole	
le Cartame	*Carthamus tinctorius.*
l'Aunée	*Inula Helenium.*
la Santoline	*Santolina Chamæcyparif-fias.*
l'Abfinte	*Artemifia Abfinthium.*
l'Armoife	*Artemifia vulgaris.*
la Chardonnette, Car-dière, ou Chardon à foulon	*Dipfacus fullonum* cam-peftris.

le Sureau	*Sambucus nigra.*
l'Hieble , *fruit & graine* mondée	*Sambucus Ebulus.*
la Carotte sauvage	*Daucus Carota.*
le Daucus de Crete	*Athamanta cretensis.*
l'Ammi	*Ammi majus.*
le Persil de Macédoine, ou le Macédoine	*Bubon macedonicum.*
la Ciguë	*Conium maculatum.*
l'Angélique	*Angelica Archangelica.*
le Séseli de Marseille	*Seseli tortuosum.*
le Cheruis	*Sium Sisarum.*
le Cumin	*Cuminum Cyminum.*
la Coriandre	*Coriandrum sativum.*
le Panais sauvage	*Pastinaca silvestris.*
l'Anet	*Anethum graveolens.*
le Fenouil doux	*Anethum Fœniculum.*
le Fenouil de Florence	
le Carvi	*Carum Carvi.*
l'Anis	*Pimpinella Anisum.*
l'Ache	*Apium graveolens*
le Chilé ou Piment	*Capsicum grossum.*
la Jusquiame ou Hannebanne	*Hyoscyamus niger.*
le Tabac	*Nicotiana Tabacum.*
l'Agnus-castus ou le Négond	*Vitex Agnus castus.*
	Verbena officinalis.
la Verveine	
le Troêne	*Ligustrum vulgare*
le Grémil	*Lithospermum officinale*
la Buglose	*Anchusa officinalis.*
la Bourrache	*Borrago officinalis.*
le Romarin	*Rosmarinus officinalis.*
l'Orvale	*Salvia Sclarea.*
la Lavande	*Lavandula Spica.*
l'Ortie blanche, ou le Lamier,	*Lamium album.*
la Marjolaine ,	*Origanum Majorana.*
la Melisse	*Melissa officinalis.*

B iv

le Thim	*Thymus vulgaris.*
la Moldavique	*Dracocephalum Moldavica*
le Basilic	*Ocymum Basilicum*
la Cameline, dite Camomile	*Myagrum sativum*
le Tlaspi	*Thlaspi campestre.*
le Talitron ou Sophie	*Sisymbrium Sophia.*
le Chou	*Brassica oleracea.*
le Navet sauvage	*Brassica Napus.*
le Senevé, ou la Moutarde	*Sinapis nigra.*
le Pavot blanc	*Papaver somniferum* album.
le Pavot, dit Œillette	*Papav. somniferum* nigrum.
la Violette	*Viola odorata.*
la Gaude	*Reseda Luteola.*
la Pivoine femelle	*Pœonia officinalis* fœmina.
la Pivoine mâle.	*Pœonia officinalis* mascula.
la Stafisaigre	*Delphinium Staphisagria.*
l'Epine-vinette	*Berberis vulgaris.*
les *Bayes* de Laurier	*Laurus nobilis.*
la Rue	*Ruta graveolens.*
le Millepertuis	*Hypericum perforatum.*
l'Œillet à ratafia	*Dianthus Caryophyllus.*
la Nêle, ou la Nielle sauvage	*Agrostemma Githago.*
le Lin	*Linum usitatissimum.*
le Plantain	*Plantago major.*
le Psillium, ou la Pulicaire	*Plantago Psyllium.*
la Millegraine du Mexique, dite Thé du Mexique	*Chenopodium ambrosioides.*
la Patience	*Rumex Patientia.*
le Pourpier vert	*Portulaca oleracea.*
la Cuscute	*Cuscuta europea.*
le Lierre	*Hedera Helix.*
les *Pepins* d'Orange	*Citrus Aurantium.*
les *Pepins* de Citron	*Citrus Medica.*
la Mauve	*Malva rotundifolia.*
la Mauve frisée	*Malva crispa.*

la Guimauve	*Althæa officinalis.*
le Fenugrec	*Trigonella Fœnum græcum.*
le Lupin	*Lupinus albus.*
le Pois chiche rouge de Provence	*Cicer arietinum.*
le Pois chiche blanc	
le Mélilot baume, dit Baume du Pérou	*Trifolium Melilotus cærulea.*
le Concombre sauvage, ou Giclet	*Momordica Elaterium.*
les *Semences froides mondeés ; savoir,*	
de Melon	*Cucumis Melo.*
ou de Concombre	*Cucumis sativus.*
de Courge	*Cucurbita lagenaria.*
de Citrouille	*Cucurbita oblongus.*
ou de Potiron	*Cucurbita Pepo rotundus.*
& de Pasteque, dite autrefois Citrouille	*Cucurbita Citrullus.*
les *Baies* de Mirte	*Myrthus communis.*
la *Graine* du petit Nerprun, dite graine d'Avignon.	*Rhamnus infectorius.*
l'Aigremoine	*Agrimonia Eupatorium.*
les *Glands* du Chêne	*Quercus Robur.*
le Houblon	*Humulus Lupulus.*
l'Ortie noire, ou grande Ortie	*Urtica dioica.*
l'Ortie romaine	*Urtica pilulifera.*
l'Epurge	*Euphorbia Lathyrus.*
le Ricin	*Ricinus communis.*
le Genièvre	*Juniperus communis.*
le Pin	*Pinus Pineas.*

ARBRES ET ARBUSTES

PROPRES

A L'ORNEMENT DES JARDINS,

Dont le Sieur ANDRIEUX fournira des Plants de différens âges, ou des Sujets élevés en pots & en caisses, ou des Greffes & Boutures.

I. ARBRES DE BOSQUETS

qui croissent à plus de dix pieds.

LE Cornouiller	*Cornus mascula.*
le Cornouiller de Virginie	*Cornus florida.*
le Sureau découpé	*Sambucus nigra* laciniata.
le Sureau panaché	*Sambucus nigra* variegata.
le Sureau à grapes	*Sambucus racemosa.*
le Lilas pourpre, bleu ou blanc.	*Syringa vulgaris.*
le Frêne à fleur	*Fraxinus Ornus.*
le Catalpa	*Bignonia Catalpa.*
le Tilleul de Hollande	*Tilia europea* latifolia.
le Tilleul de Caroline	*Tilia americana.*
le Gaînier ou Arbre de Judée	*Cercis siliquastrum.*

le Citife des Alpes	*Cytifus Laburnum.*
l'Acacia	*Robinia Pfeudo-acacia.*
le Baguenaudier	*Colutea arborefcens.*
le Paliure, ou Argalou	*Rhamnus Paliurus.*
le grand Fufain,	*Evonymus europeus* lati-folius.
le Patenôtier ou faux Pif-tachier	*Staphylæa pinnata.*
le Pûtier ou Cerifier à grapes	*Prunus Padus.*
le Mahaleb ou Bois de Sainte Lucie.	*Prunus Mahaleb.*
l'Alizier	*Cratægus torminalis.*
l'Alizier-cirier	*Cratægus Aria.*
l'Azerolier	*Cratægus Azarolus.*
l'Azerolier de Canada	*Cratægus coccinea.*
l'Azerolier-luifant	*Cratægus Crus-galli.*
le Pinchot	*Cratægus tomentofa.*
le Cochêne ou Sorbier des oifeaux.	*Sorbus aucuparia.*
le Cormier ou Sorbier cul-tivé	*Sorbus domeftica.*
le Piracante, ou Buiffon ardent	*Mefpilus Pyracantha.*
le Maronier rouge, dit Pavia	*Æfculus Pavia.*
l'Erable	*Acer campeftre.*
l'Erable de Montpellier.	*Acer monfpeffulanum.*
l'Erable de Candie	*Acer creticum.*
l'Erable-ficomore	*Acer Pfeudo-platanus.*
l'Erable-plâne	*Acer Platanoides.*
le Saule du Levant, dit Saule parafol	*Salix babilonica.*
le Peuplier de Lombardie	*Populus nigra* lombarica.
le Peuplier blanc ipréau	*Populus alba* excelsior.
le Peuplier-baumier	*Populus balfamifera.*
le Peuplier de Canada	*Populus heterophylla.*
le Peuplier de Caroline	*Populus latifolia.*
le Platane	*Platanus orientalis.*

le Platane de Virginie	*Platanus occidentalis.*
le Charme d'Italie	*Carpinus Oftrya.*
l'Orme ipréau	*Ulmus campeftris* latifoliæ
l'Orme panaché	
le Micocoulier	*Celtis auftralis.*
le Noifetier	*Corylus Avellana.*
l'Avelinier.	
le Mûrier blanc	*Morus alba.*
le Mûrier rofe	

II. ARBUSTES

Propres à mettre en pallissades ou en massifs de bosquets bas.

La Bacante	*Baccharis halimifolia.*
la Viorne	*Viburnum Lantana.*
la Viorne de Canada	*Viburnum prunifolium.*
la Viorne-lentaigne	*Viburnum Lentago.*
l'Obier-boule-de-neige	*Viburnum Opulus.*
le Chèvre-feuille	*Lonicera Periclymenum.*
le Chèvre-feuille d'Italie	*Lonicera Caprifolium.*
le Chèvre-feuille vert , dit	*Lonicera fempervirens.*
semper , entr'autres le Corail.	
le Camérifier ou Chamæ-	*Lonicera Xyloſteum.*
cerasus.	
le Camérifier noir	*Lonicera nigra.*
le Camérifier de Sibérie	*Lonicera tatarica.*
le Camérifier des Pirenées	*Lonicera pyrenaica.*
le Camérifier des Alpes	*Lonicera alpigena.*
le Camérifier bleuet	*Lonicera cœrulea.*
le Jafminode	*Lycium europeum.*
le Lilas de Perfe	*Syringa perfica.*
— à feuilles découpées	
le Troêne	*Liguftrum vulgare.*
le Jafmin	*Jafminum officinale.*
le Jafmin-trèfle	*Jafminum fruticans.*

le Jasmin jaune	*Jasminum humile.*
la Bignone de Virginie, dite grand Jasmin de Virginie.	*Bignonia radicans.*
le Négond, ou Agnus-castus	*Vitex Agnus-castus.*
la Clématite violette — à fleurs doubles	*Clematis Viticella.*
l'Epinevinier	*Berberis vulgaris.*
la Grenadille	*Passiflora incarnata.*
la Grenadille jaune	*Passiflora lutea.*
la Grenadille bleue, dite Fleur de la passion.	*Passiflora cœrulea*
la Vigne-vierge	*Hedera* (seu vitis) *quinque-folia.*
la Soutenelle	*Atriplex Halimus.*
le Rédoul	*Coriaria myrtifolia.*
le Mézéréon ou Bois-gentil	*Daphne Mezereum.*
la Timélée des Alpes odorante	*Daphne Cneorum.*
la Lauréole.	*Daphne Laureola.*
l'Arcousse	*Hippophae Rhamnoides.*
la Quetmie, dite Althæa frutex : plusieurs variétés à fleur blanche, ou pourpre & à feuilles panachées.	*Hibiscus syriacus.*
le Citise, Trifolium des jardiniers	*Cytisus sessilifolius.*
le Citise velu	*Cytisus hirsutus.*
l'Emere, Securidaca des jardiniers	*Coronilla Emerus.*
l'Amorfise ou faux Indigo	*Amorpha fruticosa*
l'Acacia rouge	*Robinia villosa.*
l'Apiot, dit Phaseoloïdes.	*Glycine Apios.*
le Seringat	*Philadelphus coronarius.*
le Rosier-canelle	*Rosa cinnamomea.*
l'Eglantier odorant	*Rosa Eglanteria*
le Rosier de Bourgogne	
le Rosier de Meaux ou à pompons	
l'Eglantier blanc	*Rosa* alba.

le Rosier jaune	Rosa lutea.
le Rosier cent-feuilles	Rosa centifolia.
le Rosier mille-feuilles	
le Rosier de provins	Rosa provincialis.
le Rosier sans épine	Rosa alpina.
le Rosier des mois : & des	Rosa bifera.

variétés les plus belles de toutes ces diverses Roses.

la Ronce à fleur double	Rubus fruticosus multiplex.
la Ronce sans épines	Rubus fruticosus alpinus.
le Framboisier de Virginie odorant	Rubus occidentalis.
l'Amandier nain	Amygdalus nana.
l'Aubépin double	Cratagus Oxyacantha.
la Spairelle ; Cytise des jardiniers	Spiraa hypericifolia.
la Spairelle à grappes	Spiraa salicifolia.
la Spairelle crenelée	Spiraa crenata.
le Sumac	Rhus Coriaria.
le Sumac-vinaigrier.	Rhus glabrum.
le Sumac velu	Rhus typhinum.
le Sumac-vernis	Rhus Vernix.
le Sumac-poison	Rhus Toxicodendron.
le Fustet	Rhus Cotinus.

III. ARBRES TOUJOURS VERTS.

Le Lauritin, dit Laurier-tin	Viburnum Tinus.
la Buplèvre	Buplevrum fruticosum.
le Filaria	Phillyrea media.
le Filaria dentelé	Phillyrea latifolia.
le petit Filaria	Phillyrea angustifolia.
la Pervenche, blanche,	Vinca minor.

violette, double, panachée en blanc & en jaune.

| le Laurier | Laurus nobilis. |
| le Tamarisc | Tamarix gallica. |

le Lierre, tant le commun   *Hedera Helix.*
que les pannachés & ceux en arbre.

le Genêt d'Efpagne   *Spartium junceum.*

l'Alaterne commun & les   *Rhamnus Alaternus.*
panachés en or & en argent des plus beaux.

le Houx ordinaire & les   *Ilex Aquifolium.*
plus cùrieuses variétés panachées & bordées de blanc
ou de jaune & les Houx-hérissons.

le Buis de bois ou grand   *Buxus femper virens ar-*
Buis   *borefcens.*

le Buis nain

—— panaché de blanc ou de
jaune

le Buis d'Artois pour les   *Buxus fempervirens fuffru-*
bordures   *ticofa.*

le Genêvrier de Virginie   *Juniperus virginiana.*

le Genêvrier de Bermude   *Juniperus bermudiana.*

le Genêvrier-cèdre   *Juniperus Lycia.*

le grand Genêvrier   *Juniperus phænicea.*

la Sabine de diverfes va-   *Juniperus Sabina.*
rietés.

le Ciprès   *Cupreffus fempervirens.*

le Ciprès-faifceau, dit fe-
melle

le Tuyer, ou arbre de vie   *Thuya occidentalis.*
de Théophrafte

le Tuyer de la Chine   *Thuya orientalis.*

le Pin   *Pinus filveftris.*

le Pin-pignon   *Pinus Pinæas.*

le Pin à trochet   *Pinus Tæda.*

l'Alviez   *Pinus Cembra.*

le Mélèze   *Pinus Larix.*

le Sapin   *Pinus Picea.*

le Sapin-baumier   *Pinus balfamea.*

la Peffe, dite Epicia   *Pinus Abies.*

IV. ARBRES ET ARBUSTES D'ORANGERIE.

La Morelle - cerifette , ou l'Amomum	*Solanum Pfeudoapficum.*
le Jafmin d'Efpagne	*Jafminum grandiflorum.*
le Rofage , ou Laurier-rofe	*Nerium Oleander.*
— blanc	
l'Héliotrope du Pérou	*Heliotropium peruvianum.*
le Tarafpi d'hiver	*Iberis femperflorens.*
le Citronier	*Citrus Medica.*
le Limonier ,	*Citrus Medica Limon.*
l'Oranger - pampel , dit Pompoleum , Pampelmous des Indes.	*Citrus decumana.*
le Bigaradier	*Citrus Aurantium.*
l'Oranger de la Chine	
l'Oranger de Malthe , & plusieurs belles variétés de ces diverses races.	
le Margoufier ou Azéda-rac , Lilas des Indes & faux Sicomore.	*Melia Azedarach.*
le Mirte	*Myrtus communis.*
le petit Mirte ou Romain , & tous les deux à fleurs doubles.	
le Grenadier à fleur double	*Punica Granatum.*

Et en général tous les Arbriffeaux & même des diverfes Plantes de pleine terre, d'Orangerie ou des Serres chaudes les plus rares que le *Sieur Andrieux* fournira toujours fidèlement lorfqu'ils feront connus en France , fuivant les demandes qui lui en feront faites, foit par les noms latins de M. von Linné ou d'autres auteurs, foit par les noms françois d'ufage, ou par des defcriptions exactes.

OBSERVATIONS

OBSERVATIONS

Sur le tèms propre à femer la plupart des Graines mentionnées ci-deffus.

Dès que le folftice d'été eft paffé, on commence à fonger à la récolte de l'année fuivante. On fème à la fin de Juin les Choux frifés-pointus, pour les avoir de primeur au Printems. *Semences de la S. Jean.*

On fème en Juillet des Carottes & Panais pour paffer l'hiver ; dans les terres fortes, de l'Oignon blanc pour replanter en Octobre ; dans les terres légères, on ne le fémera qu'en Août. *Juillet.*

Au vingt de ce mois femer un peu de Choux-fleurs pour paffer l'hiver. On peut femer auffi du Cheruis, de la Scorfonnaire, &c.

Semer à l'abri diverfes fleurs pour les repiquer au printems & fleurir au commencement de l'Eté fuivant ; favoir :

La Nigelle, le Tarafpi d'été, l'Adonis ou Adonide, le Sain-foin d'Efpagne, la Delphinette ou Pied-d'allouette vivace, la Pyramidale, l'Oeillet de poëte, la Digitale dès qu'elle eft recueillie, les Paffes-rofes, &c.

Semer dans des caiffes de terre légère, les graines de Tulipe pour les mettre à l'abri l'hiver ; de la graine d'Anémone qu'on mêle avec du fable fec ; lui donner une terre bien préparée, & la couvrir de l'épaiffeur d'un demi-pouce au plus de terreau bien paffé, l'arrofer peu & fouvent. Semer, auffi-tôt récoltée, la graine de Ciclame dans des pots ou caiffes.

Planter les oignons de Lis, de Martagons, de Couronnes impériales, de Narciffes, de Belladone & autres plantes bulbeufes, qu'on ne doit pas garder hors de terre.

C

Aoust. On sème au mois d'Août de la Poirée qui se trouve très-hâtive au Printems, mais elle est délicate à la gelée ; de l'Oseille, du Persil, du Cerfeuil.

On élève du plant de diverses Laitues à planter sur couche en hiver, & en terre à bonne exposition ; savoir, Laitues Cocasse, d'Italie, Coquille, Crêpe & Romaine d'hiver.

On sème la graine de Raiponce mêlée avec de la terre ou du sable bien fin, dans une terre bien préparée, où l'on sèmera en même tems des Radis, pour que l'ombre que leurs feuilles donneront à la Raiponce l'empêche de brûler, si le soleil étoit ardent.

Semer des Choux, pommé-hâtif, frisé-hâtif, de Bonneuil, d'Alsace & de Milan, pour planter après l'hiver & cueillir en Mai & Juin ; du Chou-fleur dur pour deuxieme fois que l'on conserve dans la serre en baquet ou en pepinière en bon abri, & des Brocolis, à replanter en place au Printems.

On sème encore des Navets pour ensabler en novembre dans la Serre, ou les couvrir dehors.

Dans les terres légères semer l'Oignon blanc hâtif & de la Ciboule.

Semer de la graine des diverses Fraises, à cinq à six pieds d'un mur du nord ou du couchant sur un bon labour, terre fraîche bien dressée, couverte de deux lignes de sable & terreau tamisés ; ne couvrir la graine que très-peu de ce même mélange, la sarcler soigneusement, & l'attendre un mois, quelquefois plus.

Semer les graines d'Anémones, comme on le voit indiqué dans le mois précédent, de la graine de Renoncule qu'il faut couvrir très-légérement de terre ou terreau bien passé.

Planter les Anémones & les Jonquilles simples, la Renoncule-pivoine pour fleurir l'hiver.

Planter aussi les Jacintes communes, blanc de montagne, de Vitry, Passe-tout, &c.

Semer la graine de Jacinte.

On peut encore femer en Septembre prefque tout ce qui a été indiqué pour les deux mois précédens, & en outre des Radis noirs pour tout l'hiver, des Panais & Carottes pour avril, mai & juin.

Planter les Fraifiers, fi on veut en jouir l'année fuivante; voyez plus bas en novembre.

Semer les petits Pois & Haricots de Hollande à bouquets, pour les mettre fur les couches chaudes fous chaffis quand le tems devient rude.

Semer diverfes fleurs pour fleurir en place dans l'Eté fuivant, comme les Pavots, les Coquelicots, les Pieds-d'allouette ou Delphinettes, les Tarafpis de diverfes couleurs, &c.

Semer de la Quarantaine pour repiquer de bonne heure, même de la grande Giroflée, en terre fèche, mêlée de décombres de chaux, fuivant Bradley.

On peut femer encore des Anémones, Renoncules, & autres graines de plantes bulbeufes ou à tubercules; on fait qu'elles demandent de grands foins en hiver contre les pluies, la neige & le givre.

Planter des Renoncules, des Anémones, des Narciffes de Conftantinople & autres de toutes efpèces, même des Jacintes, des Jonquilles & des Tulipes à la fin du mois.

Dans certaines terres tardives, ces premières plantations plus hâtives ont en hiver plus de befoin d'être garanties des intempéries.

Mettre les Oignons en caraffes pour fleurir l'hiver, comme Narciffes doubles de Conftantinople, Narciffe blanc, Soleil d'or de Hollande & les Jacintes de toutes efpèces, même des Jonquilles.

Dans le mois d'Octobre on fème encore en diverfes fois la Mâche & l'Epinar pour le Carême; le Cerfeuil pour le Printems.

On fait la feconde femence de divers plants qui portent le nom de la Saint-Remi, comme Laitue-Crêpe, de la Paffion, Coquille, Gotte & Romaine hâtive pour replanter; Choux pommés, frifés-hâtifs,

Octobre. & Choux-fleurs durs à repiquer à l'abri sous cloche & couverts de litière. Commencer à semer des Pois-michauds au pied des murs à bonne exposition.

Les curieux de nouveautés qui veulent, à force de dépense, manger des Concombres en Avril, commencent à les semer en pleine terre pour les transplanter en pots, afin de les mettre d'abord à couvert des nuits fraîches, puis sur les couches chaudes sous chassis, quand il sera besoin.

Ils sèment aussi des Pois nains & des Haricots dans des paniers que l'on expose au midi, que l'on destine à être mis en serre les nuits, puis sur les couches chaudes à l'arrivée des tems rudes.

Planter des œilletons d'Artichauds pour le Printems, les arroser peu.

Dans ce mois on commence à planter toutes les espèces d'arbres fruitiers & autres, & on continue au Printems dans les tems favorables.

Il faut aussi semer la Sérante ou Immortelle & autres fleurs annuelles qui résistent au froid.

Planter les Jacintes de toutes espèces, Narcisses, Jonquilles, Tulipes, Anémones, Renoncules, &c.

Novembre. On fait à la Toussaint, sur les nouvelles couches, les premières semences de Laitue & de Radis, de Cresson, &c.

On sème dans les terres fortes des Pois-michauds aux costieres bien terreautés de gadoue & de fiente de Pigeons.

On sème le fruit de l'Amandier, les noyaux de Prunes, de Pêches au pied des Espaliers pour greffer en place ; on ensable les Noyaux qu'on veut planter au Printems dans les pépinières, & l'on enterre diverses graines d'arbres à trois pieds en terre, où, à l'abri de la gelée, elles se façonnent & se disposent à mieux germer, comme celles d'Aubépin, de Sicomore, de Frêne, &c. &c.

On plante la plupart des arbres fruitiers, sur-tout ceux de nature hâtive, & nécessairement dans les terres légères & chaudes.

On plante les Oignons de Tulipes, d'Ornitogales, **NOVEMBRE**
de Narcilses de Constantinople, les Semi - doubles,
Anémones, Jacintes & autres, s'il en reste ; & ces oignons plus tardifs résistent mieux aux froids.

On peut planter tous les arbrisseaux qui perdent
leur verdure, & qui ne sont point sujets à la gelée.

On peut au commencement de ce mois planter
dans des pots des Jacintes, des Narcisses, des Jonquilles, des Tulipes, des Prime-veres, &c., & les
mettre sur des couches chaudes pour fleurir dans l'hiver.

ON sème sur les couches de Décembre des Radis **DÉCEMBRE.**
& Raves, des Salades, du Cresson & Moutarde pour
fourniture ; des Concombres ; mais il faut bien de
la surveillance pour faire réussir cette culture dans
un tems où l'on ne peut donner aux plantes l'air
si nécessaire à leur végétation, sans introduire un
froid humide, qui contrarie beaucoup la température artificielle des fumiers chauds.

On sait qu'alors les couches doivent être fort
étroites, afin que la chaleur des réchauds dont on
les entoure, puisse pénétrer jusqu'à leur centre.

On peut planter des Renoncules, Anémones, Tulipes & tous les autres oignons qu'on n'a pas été à
portée de planter auparavant.

LE Soleil monte au mois de Janvier, & commence **JANVIER.**
en quelque sorte, avec la nouvelle année, un nouvel
ordre de végétation ; les boutons des arbres se gon-
flent, quelques-uns s'entr'ouvrent ; tels sont ceux des
chatons du Peuplier - tremble, du Noisetier & autres.

Toutes les semailles des mois précédens, dont
l'approche de l'hiver ralentissoit la venue, annoncent,
dès qu'il est arrivé, le prochain renouvellement de
la Nature. Aussi devient-il plus aisé de faire de nouvelles semailles de primeur en usant des mêmes
secours qu'en Décembre, c'est-à-dire, des couches

chaudes, des chaffis vîtrés & des couvertures de litière.

On sème donc la Laitue à couper, dite petite Laitue, la Chicorée sauvage & les Fournitures, le Na-
fitor, le Pourpier vert, la Pimprenelle, la Corne de
cerf, le petit Céleri, les Radis & petites Raves de
primeur, de la Carotte jaune-courte, si l'on veut :
on élève du plant des Laitues, Crêpe, Gotte, de
Versailles; des Romaines; de Chicorée, de Céleri,
de Cardons pour repiquer sur couche; des Choux
Pommé-hâtif, Frisé-hâtif, de Bonneuil, d'Alsace,
de Chou-fleur d'angleterre, de Chou-fleur tendre,
de Brocolis blanc & violet. Enfin les Melons & Concombres de primeur qu'il faut replanter tous les
quinze jours, pendant deux mois, sur de nouvelles
couches.

Semer, avec les soins recommandés, des Pois
hâtifs & Haricots en bonne exposition. Si le tems
est favorable, on plante des pattes d'Anémones &
des griffes de Renoncules, même divers Oignons, s'il
en reste.

Si la terre n'est ni gelée, ni couverte de neige,
on continue à semer sur couche les petites Salades &
leurs fournitures, les Radis, mêlés, si l'on veut, de
Carottes, de Navets & de Panais. Dans les terreins
chauds, on sème les Oignons de primeur, le Poireau,
la Ciboule, des Pois, des Fèves de marais; semer du
Persil; risquer la Scorsonnaire, les Cheruis, pour les
replanter lorsqu'ils ont deux pouces de longueur; ils
en viendront beaucoup plus beaux.

Semer sur couche fort drus des Pois-michauds,
pour replanter sur une autre couche, en Mars; des
Haricots & Pois sur couche en mannequin, pour les
remettre en terre & succéder aux autres. Semer sur
les couches, dont la chaleur se passe, du Chou-fleur,
Brocolis, Chou pommé, Chou de milan, Chou d'angleterre à pain de sucre, pour les avancer & replanter au mois de Mars en place.

On élève aussi sur couche du plant de Chicorée & de Scarole pour l'Eté, des Laitues Gotte, Brune, Mousserone, Crêpe, sur-tout des Laitues Hollandoise, & de Versailles, qu'on repique en place en pleine terre ; élever aussi du plant de Romaine.

Planter en terrein leger de l'Echalotte, de l'Ail & de la Rocambole.

Commencer à planter des Morelles-truffes, dites aussi Pommes de terre & Patates, & des Topinambours.

Semer sur couche sous chassis des Melons & Cantaloux qu'il faudra replanter deux fois sous cloche ou chassis.

Sur la fin du mois semer des Melons maraîchés & autres tardifs que l'on ne replantera qu'une seule fois, & des Concombres.

Semer de la graine d'Asperges en pleine terre.

Semer toutes sortes de graines d'Arbres, comme les Glands, les Châtaignes, les graines d'Orme, de Troêne, de Sicomore, de Tilleul de Hollande, de Pin, de Pin de Hollande, de Sapin, de Sapin de Piémont, d'Aubépine, &c. Les baies de Laurier, de Houx, d'If, & diverses graines d'Arbustes à fleurs ; les faire germer dans le sable pour la plûpart, si on ne les a pas mises en terre pendant l'hiver.

Planter toutes les espèces d'Arbres à fruits, d'Arbres de forêt, & toutes les espèces d'Arbustes qui s'accommodent de notre climat.

Continuer de planter des Anémones & Renoncules.

Semer des graines d'Auricules, dans des caisses de terre légère, mêlée de bois ou de feuilles pourries ; les mettre à l'ombre, & arroser peu & souvent; des graines de Prime-vères, fort épais, dans une costière au Nord.

Semer les Fraises, si on ne l'a pas fait en Août. Semer sur couche des Basilics & plusieurs fleurs d'Eté, Tricolor, Ambrette, Amarante, Roses-trémieres, Delphinette ou Pied-d'allouette, Campanule, Œillet de poëte, Giroflée, Quarantaine, Taraspi, &c.

FÉVRIER. Semer les Pepins d'Orange & de Citron. Faire des boutures de toutes nos espèces d'arbustes.

MARS. LES Semences de Février se répétent en Mars sur de nouvelles couches, soit pour l'usage, soit pour remplacer le plant qui auroit manqué, ou pour y succéder.

Ce mois est celui où l'on sème le plus de Verdures, de Racines & autres Légumes en pleine terre : L'Arroche, la Poirée, l'Oseille, la Carotte, le Panais, le Navet printannier, les différens Oignons, les Raves & Radis, quelques Scorsonnaires & Salsifis ; enfin Epinar, Cerfeuil, Cresson, Coronope ou Corne-de-cerf, Capucines, Pourpier, &c.

Elever différentes Laitues & Romaines, du Chou-fleur tendre, du Cardon.

Planter des Pois, des Fèves de marais grosses & petites, & risquer quelques Haricots.

Semer des Asperges en pleine terre, & planter les racines qui se vendent au cent.

On élève sur couche le Chilé ou Poivre long, la Nigelle épicée, la Mélongene, la Moldavique qu'on destine à être placées sur couches ou sur des ados de terreau ; on y sème aussi les Pervenches-roses, la Sensitive, la Glaciale, le Camara, pour les élever en pots, de même que les Tubereuses doubles & simples qu'on y plante en pots.

Les fleurs d'Automne se sèment au pied d'un mur au midi dans du terreau, la Balsamine, les Reines-marguerites, le Soucis, les Amarantoïdes, les Passe-velours, les Tagettes dites Roses & Œillets d'Inde, les Merveilles ou Belles de nuit, l'Œillet de la Chine, le Liseron des Indes & la Belle de jour.

Séparer & replanter les Pâquerettes, les Hépatiques, les Juliennes doubles, Œillets d'Espagne, Licnide ou Croix de Jérusalem, Boutons-d'or, Campanules doubles, &c.

Replanter le Baume, le Thim, la Lavande, le Romarin, l'Hisope, &c.

On fait en ce mois les femailles de Soucrion, du **Mars.** Froment de Smirne & des Prairies artificielles, ainfi que de tout ce qu'on nomme les Mars.

Achever les plantations d'Arbres & d'Arbuftes, fi elles ne le font pas.

On fait les plantations de la plupart des Fraifiers pour produire dans les deux années fuivantes feulement, & non dans la même année.

On fème la Scorfonnaire, le Salfifi & les Bette- En Avril. raves ; ces racines tendres à la gelée, femées précédemment, pourroient être péries.

On fème de la Poirée blonde à replanter pour manger en cardes ; on fème les Cardons d'Efpagne & de Tours, la Chicorée fauvage pour blanchir l'hiver.

On fème les Pois goulus, nains & à rame, le Pois quarré-vert pour faire fécher & d'autres efpèces ; des Fèves de marais. On commence les femailles de Haricots. Il eft bon de femer une partie de fes Giraumons, Potirons, Pépons, Paftiffons, Cougourdettes, &c.

On fème des Epinars à l'ombre, des Laitues pour pommer, comme Verfailles, Moufferonne, Italie, Royale, Batavia, &c. des Romaines. Semer fur terre en bonne expofition du Pourpier doré, du Céleri, de l'Ofeille, foit en planche, foit par rayons, des Raves, des Radis, blancs, rouges & des petits Radis gris ; du Creffon, de la Chicorée fauvage, du Perfil, &c. On continue de femer les Choux-fleurs & fur-tout le dur.

On peut femer encore de l'Oignon, de la Ciboule, du Poireau ; enfin tous les légumes qui auroient manqué, ou qu'on n'auroit point femés dans le mois précédent.

Planter des Afperges & regarnir celles qui paroiffent avoir manqué ; planter les Artichauts.

On continue de fèmer encore toutes les efpèces de graines de Fleurs annuelles ; mais on élève fur-tout diverfes efpèces qu'on ne pouvoit encore femer en

AVRIL. Mars; au moins fans chaffis, le Réféda, les deux Tagettes de différentes nuances, les Merveilles, le Séne-
çon d'Afrique, les Scabieufes, les Ancolies, &c. On
fème auffi des Paffes-rofes.

On plante encore des Tubéreufes doubles & fimples, l'Œillet d'efpagne, l'Œillet de poëte, la Julienne double, la Croix de jérufalem, les Renoncu-
les-baffin ou Boutons d'or, la Barbarée, &c.

On fème le Maïs, le Panis, & l'on continue à
femer des Mars, fi on fe trouve retardé.

MAI. ON peut encore femer au mois de Mai des Bette-
raves, de la Scorfonnaire, des Concombres en pleine
terre, fur-tout le Cornichon; du Chou-fleur dur &
de celui d'Angleterre, des Cardons de Tours & d'Efpagne; des Laitues pour pommer & des Romaines;
quelques Raves & Radis, de la Chicorée & Scarole,
du Pourpier en pleine-terre, des Haricots de toutes
efpèces & des Pois fans pareils, Anglois, de Marli,
de Clamart, quarrés blancs & au cul noir, &c.

On fème le Chanvre de Piémont, ainfi que le
Commun, & le Sorgo.

On finit d'œilletonner & planter les Artichauts.

On peut femer encore quelques graines de Fleurs
d'Automne, Quarantaine, Nigelle, Tarafpi, Dou-
cette où Miroir de Vénus, Delphinette, &c. C'est
le meilleur tems pour femer celle d'Œillet. On fème
des Giroflées pour le Printems fuivant.

JUIN. L'ETÉ eft le tems de la récolte; il n'eft plus guère
queftion de femer ni de planter; on fème cependant
encore en Juin, dans les parties à mi-ombre, des Epinars & des Fournitures; mais ces femences hebdomadaires n'ont qu'une coupe.

On fème la groffe Rave, le Radis long, le petit
Radis noir & le gros, de la graine de Raiponce,
comme en Août, en l'arrofant fouvent; on fème
des Laitues pour pommer & des Chicorées, des Ha-
ricots-fuiffes & des Pois-michauds & au Cul-noir pour
les derniers.

ᴀᴘʀᴇ̀s Juin jufqu'à l'hiver, outre les femences qu'on a vu plus haut qu'il falloit faire en avances pour l'année fuivante, on en fait encore d'autres, dont on eft payé fur le champ ; telles font les femences hebdomadaires, c'eft-à-dire, les Fournitures de Salade & l'Epinar, les Radis, les Raves, les Navets & Radis gris ; on élève encore du plant de Laitues & de Chicorée, & même diverfes graines légumineufes, comme Haricots, fur-tout les Suiffes, Pois-michauds, Marli, Quarré blanc, Cul noir, &c. Car, quoiqu'on ait obfervé que rien de ce qu'on fème après le Solftice d'Eté n'amène les graines à maturité, comme on fe contente ici de ces graines vertes, on peut en faire la récolte.

Enfin ceux qui ne craignent aucunes dépenfes pour fe procurer des raretés, fèment au commencement de Juillet des Concombres, dont ils recueillent les fruits, à force de fumier, en Décembre & Janvier.

On obfervera que pour la dernière femence de Pois à faire en Août, on choifit le plus hâtif qui eft le Michaud ; en effet, il n'y a pas de tems à perdre, & les graines les plus hâtives réuffiffent toujours plus difficilement fur le déclin de la campagne, qu'elles n'auroient fait au commencement, lorfque chaque jour amène du changement en mieux ; au lieu que dans l'Automne on ne peut s'attendre que d'aller de pis en pis.

INSTRUCTION

Sur la manière de semer la plupart des Foura-
ges & quelques Plantes de grande culture.

Le Thimoty.

Le Thimoty des Anglois qui est notre grande Mas-
sette, aime les terreins humides, & réussit fort bien
dans un sol marécageux ; s'il étoit au point de ne pouvoir le labourer avec la charrue, on choisira le tems
le plus sec pour préparer la terre avec la bêche, &
on en profitera pour ensemencer, sans avoir égard à
la saison.

Si l'on sème dans une terre moins humide, on la
prépare comme pour y mettre de l'avoine. Cette
graine est extrêmement menue ; il faut avoir l'attention de la mêler avec de la terre préparée ou du sable,
afin de la répandre également, ce que l'on ne seroit
point sûr de faire sans cette précaution. Il faut faire
herser le champ, afin de le rendre uni, & de couvrir
la semence.

On coupe le Thimoty aussi-tôt qu'il commence à
former son épi, afin que le fourage ne soit point
trop dur ; on fait deux récoltes par an, dont on tire
tant de foin qu'on en est surpris. Ce fourage convient
à tous les bestiaux, les chevaux le mangent avec
grand appétit ; on peut les faire pâturer dans le pré,
après la seconde récolte, car alors les fortes racines de
cette plante seront si bien liées, que l'on ne craindra
pas qu'ils y enfoncent quand même le terrein n'auroit
pû les porter auparavant. Il faut quatre livres de cette
graine à l'arpent ; on la sème depuis Mars jusqu'à la
fin de Septembre, & la prairie dure au moins douze
ans.

LE FROMENTAL.

La culture du Fromental, ou Ray-grass de Dom Miroudot, est la même que celle du Ray-grass d'Angleterre dont il est parlé ci-après; il se sème dans le même tems, mais n'a pas le même usage; cette prairie artificielle fournit un foin très-abondant & très-nourrissant. D'ailleurs elle réussit où le Sain-foin même ne subsisteroit pas. On sème ordinairement le Fromental mêlé avec de l'Avoine ou du Trèfle noir, parce que semé seul, il est trop foible & peu garni dans la première année. Il faut environ quatre-vingts livres de cette graine pour un arpent.

LE VRAI RAY-GRASS.

Le Ray-grass a toutes sortes d'avantages qui doivent nous engager à le cultiver; tout sol lui convient; il réussit dans un terrein froid, humide, argilleux, ou dans un sol sec, aride, pierreux ou sablonneux; de toutes les plantes, c'est celle qui résiste le mieux aux gelées : il paroît être de son essence de braver la nature des climats & des sols, & de produire toujours d'abondantes récoltes. C'est en outre une des meilleures nourritures que l'on puisse donner aux bestiaux & sur-tout aux moutons, soit qu'on leur donne en vert ou en sec à l'étable, soit qu'on les fasse pâturer sur le pré; ce qui ne peut être qu'avantageux à cette plante, qui talle considérablement lorsqu'elle est tenue basse par le bétail qui la broute, & repousse, aussi-tôt qu'elle est coupée, des chalumeaux tendres & de jeunes feuilles très-délicates. Son foin est non-seulement très-sain, mais encore délicieux pour les chevaux, qui le mangent avec un appétit singulier, lorsqu'on a eu soin de le faucher aussi-tôt que son épi est formé, parce qu'alors il est très-tendre & plein de suc. Il donne du feu au cheval, & corrige par sa sécheresse naturelle d'autres fourages dont l'excès peut occafionner des maladies putrides dans le gros & le menu bètail.

On fème le Rai-grass de Printems & d'Automne, feul ou avec d'autres herbes ; mêlé avec le Trèfle, il le fait fubfifter plus long-tems , & forme un excellent fourage. On choifit pour cette opération un tems calme, la graine étant légère : il faut unir le terrein, autant qu'il eft poffible, par la herfe & le rouleau, ce qui doit fe pratiquer pour toutes les prairies, non-feulement dans la vue de les rendre plus faciles à faucher, mais parce que la terre fe trouvant refferrée & affermie, elle fe deffèche moins promptement.

Un grand avantage que l'on trouve encore dans le Ray-grass, c'eft qu'il étouffe les mauvaifes herbes, & refte feul où on l'a femé. Cette Graminée, connue de nos Fermiers fous le nom de Pain-vin, eft d'une refource infinie, & il eft d'une grande économie d'en avoir toujours un pré, puifqu'on peut le faucher dès le mois d'Avril pour donner en vert aux beftiaux, même dès la première année, & femée en Septembre précédent ; elle devient par là d'une grande refource dans les années où les autres fourages manquent. Il faut environ quarante-cinq livres de graine pour enfemencer un arpent.

LE BIRDS-GRASS.

La Poherbe d'Amérique, nommée Birds-grass, ou Graine d'oifeaux d'Angleterre, exige une bonne terre bien préparée ; quoiqu'elle paroiffe moins bien réuffir d'abord dans les terreins humides, elle y fait des progrès étonnans quand elle a acquis affez de force pour fupporter cette humidité. Il faut la femer feule à caufe de fa délicateffe à la fortie de la terre ; il fe trouve toujours trop d'autres plantes qu'on doit avoir foin d'ôter : il y a de l'avantage à labourer la terre, à la herfer, & à y faire paffer le rouleau quelque tems avant que de l'enfemencer, pour faciliter la fortie des mauvaifes herbes, que l'on détruira ; foit avec la herfe , foit en farclant lorfqu'elles feront levées ; & alors , fans autre labour , on pourra femer ; obfervant de n'enterrer que très-peu la graine , & de choifir un tems calme , afin de pouvoir la répandre également. Il en faut quatre livres pour un arpent.

On peut en femer depuis le mois de Mars jufqu'à la fin de Septembre ; fuivant les obfervations faites par plufieurs cultivateurs, les mois d'Août & Septembre font préférables , parce que les mauvaifes herbes croiffent beaucoup moins en cette faifon qu'au Prin- tems.

On ne peut trop vanter cette plante ; fon foin eft très-appétiffant pour les chevaux, fort fain, d'un bon odorat & convenable à tous les beftiaux ; elle en pro- duit beaucoup ; & s'il venoit des tems pluvieux quand on veut la couper , il ne pourroit arriver aucun dom- mage par un retard d'un mois, attendu qu'elle re- pouffe abondamment de toutes fes jointures , & fe tient toujours verte , fraîche , ne pourrit point & ne fèche point fur pied comme d'autres fourages.

LA GRANDE PIMPRENELLE.

La grande Pimprenelle eft regardée comme un des meilleurs fourages, tant par fon grand rapport que par fa qualité ; elle eft nourriffante & rafraîchiffante ; elle engraiffe même tous les beftiaux ; on peut leur en laiffer manger tant qu'ils veulent, foit en vert, foit en fec ; elle ne leur caufera fûrement aucune ma- ladie ; les Anglais prétendent qu'elle rend le lait de vache très-délicat ; les moutons & les agneaux s'en trouvent auffi très-bien.

Cette plante eft vivace ; une fois femée , elle dure au moins vingt ans ; on la voit, pour ainfi dire, repouffer auffi-tôt qu'elle eft coupée, & on peut en- voyer le bétail y pâturer , la dent de l'animal ne nui- fant point à cette plante.

La grande Pimprenelle croît dans les terres légères & fablonneufes , pierreufes , calcaires ; &c. en un

mot, elle vient dans les plus mauvais terreins, &
n'a befoin d'aucun engrais. On peut la femer de
Printems & d'Automne ; des perfonnes préfèrent cette
dernière faifon, parce qu'elles récoltent la graine au
mois de Juillet fuivant; au lieu qu'en la femant au
printems, on n'en récolte la graine que quinze ou
feize mois après.

On a employé deux méthodes pour femer la grande
Pimprenelle ; les uns l'ont femée par fillons de la profondeur de deux pouces ou deux pouces & demi environ ; le premier de ces fillons étant fait, on fème
la graine que la charrue recouvre, en formant le
fecond, dans lequel on continue de femer la graine,
qui fe trouve recouverte par le troifième, ainfi de
fuite.

Le champ femé, il eft befoin de le faire herfer
pour couvrir les grains qui ne l'ont point été par le
rayon, & afin de rendre le terrein plus uni.

Les autres l'ont femée comme l'avoine & herfée
de même : cette dernière méthode eft la plus facile;
& , quoique plufieurs annoncent des avantages de la
première, cette plante a bien réuffi par l'une & par
l'autre.

Il eft bon, quand on veut femer, d'attendre
qu'il foit tombé un peu de pluie, à moins que la terre
n'ait été rafraîchie auparavant, ou qu'elle ne foit
naturellement humide. On ne doit pas la faire pâturer la première année, fur-tout fi l'on veut après
la coupe, faire l'opération fuivante. Elle confifte à
obferver fi la graine a pouffé plufieurs brins enfem-
ble ; fi cela eft, on les arrache, & on les replante
feul à feul dans un terrein labouré, ayant attention
d'en remettre un à la place d'où l'on a tiré les autres,
& de regarnir, s'il y avoit du vide.

Quoique cette opération paroiffe longue, on peut
la pratiquer ; une fois faite, c'eft pour vingt ans,
& on s'en trouvera bien dédommagé lorfqu'on verra
combien ces plantes profitent ifolées.

La Pimprenelle doit être coupée quatre à cinq fois
par

par an ; on ne ſauroit cependant rien preſcrire de
certain ſur une choſe qui dépend des ſaiſons ; on
peut la faucher à la hauteur de ſept pouces, parce
que plus elle ſera coupée, & plus on aura de produit ; cette plante ſe trouve quelquefois avoir re-
pouſſé de plus de ſix pouces un mois après la coupe.

Les récoltes faites, on peut, au bout d'environ
trois ſemaines, faire pâturer tant qu'on voudra,
même en hiver, en obſervant de ne laiſſer entrer
le bétail dans le champ que quand la roſée eſt paſſée ;
& , lorſqu'on veut avoir la récolte ſuivante en graine,
il faut abſolument faire ceſſer de pâturer au mois de
Mars. Il faut douze livres de graine pour enſemencer
un arpent.

LA MORELLE-TRUFFE.

Nous avons placé cette plante parmi les racines
potagères, parmi les fourages & dans l'ordre des
grandes cultures : c'eſt qu'en effet on peut la regarder ſous ces trois points de vue. Tous les jardiniers
ſavent l'élever comme plante potagère ; mais nous
croyons faire plaiſir d'indiquer ici la manière de la
cultiver à la charrue pour la nourriture des beſtiaux,
ou même pour celle des hommes, comme elle y ſert
en diverſes contrées, en Angleterre ſous le nom de
Patatte, dans le Lyonnois ſous celui de Truffe, en
d'autres provinces ſous celui de Pomme de terre, &
en Allemagne de Crampir, à l'exemple des anciens
Péruviens qui la nommoient Papé ou Papas. Nous
devons regarder cette production comme une reſ-
ſource d'autant plus grande, que peu de terrein peut
fournir à la ſubſiſtance d'une famille nombreuſe. Les
racines tubéreuſes de cette plante qui eſt ſa partie la
plus utile, eſt auſſi celle qui ſert à la propager. Cette
multiplication eſt immenſe comme l'ont fait voir pluſieurs cultivateurs vraiment patriotiques. Ce ſont les
petits tubercules qu'on met en terre ; quand on n'en
a que de gros, on peut les couper par morceaux,
de manière qu'il reſte un ou deux yeux à chaque

morceau. Une personne qui suit le laboureur en a
un panier rempli, & les place dans le premier rayon
une à une à deux pieds environ de distance : celles-
ci se trouvent recouvertes par le second rayon dans
lequel on ne placera point de ces truffes pour laisser
la distance nécessaire & proportionnée. On en mettra
dans le troisième rayon, & on observera le même
ordre dans toute la plantation. Une fois en terre,
la Morelle-truffe ne demande d'autre soin que celui
de butter les plantes en Juin ou au commencement
de Juillet. Cette opération, qui consiste à ramasser
la terre qui environne le pied autour de la tige jusqu'à la hauteur des premières feuilles, leur sera très-
avantageuse ; non-seulement elle soutient les tiges,
mais encore elle les empêche de s'élancer, & favo-
rise par-là l'accroissement des tubercules. Les tiges
& les feuilles sont très-bonnes pour les bestiaux, les
chevaux les mangent bien aussi lorsqu'ils y sont ac-
coutumés ; on peut les couper au commencement de
Septembre, c'est-à-dire, lorsqu'on croit que les racines ont pris leur accroissement, & les leur donner
en vert ou en sec. On fait la récolte de ces pommes
ou racines au mois d'Octobre ou de Novembre, mais
sur-tout avant les gelées. Ces fruits se mangent dans
le courant de l'hiver, & se donnent aux bestiaux,
soit cuits, soit crus ; on les garantit de la gelée en
les plaçant en cave & en serre ; & si l'on veut en
conserver de bonnes toute l'année, soit pour faire
du pain, soit pour manger en ragoût ou dans le
potage, il faut au printems, quand les germes commencent à pousser, les étendre dans un grenier, où,
l'air en ayant absorbé toute l'humidité, le fruit se
conservera sans devenir filandreux, & ne contractera
aucun mauvais goût.

   La plantation des racines de la Morelle-truffe peut
se faire depuis la fin de Février jusqu'à la fin d'Avril.

   On peut les planter à la houe comme à la charrue,
en les mettant à même distance & à six pouces environ de profondeur.

LA GUEDE.

On élève beaucoup de cette plante en différentes provinces sous les noms de Vouëde & de Pastel pour l'usage des teintures ; quelques personnes l'emploient aussi pour la nourriture des bestiaux, & principalement pour les moutons. Ses feuilles leur fournissent en hiver un pâturage abondant. On doit la semer comme la Rabioule pendant les années de repos, dans les terres à blé qu'elle n'épuise pas. On la sème en Avril ; elle porte sa graine l'année suivante.

LA RABIOULE.

La Rabioule du Limousin n'est autre chose que ce que les Anglois écrivent Turnep, & qu'ils prononcent Turnip. La culture en est d'autant plus intéressante, qu'elle est peu dispendieuse, qu'elle supplée au fourage pendant l'hiver, & que le bétail ne peut avoir une meilleure nourriture. On a remarqué que les vaches nourries de cette plante en hiver, rendoient du lait en aussi grande abondance qu'au mois de Mai & d'une qualité supérieure. Ces navets deviennent si gros, qu'on en a vu de vingt-cinq à vingt-sept pouces de tour, & qui pesoient six à sept livres. Ils ont de plus la qualité de diviser & de préparer les terres à recevoir le blé. Un même espace de terrein ainsi employé rend beaucoup plus de froment qu'une Jachère ordinaire. Connoissant leur grosseur, on saura qu'il ne les faut point semer épais ; quatre livres suffisent pour un arpent : si au mois d'Août on s'appercevoit qu'ils ne pussent grossir pour être trop drus, il faudroit en arracher pour en faciliter l'accroissement : les terres légères & amendées sont celles qui leur conviennent. On les sème en Juin & Juillet. Sur la fin de Septembre on peut en ôter les feuilles pour les faire manger aux bestiaux. Les racines se récoltent en Octobre, & se gardent pour l'hiver en des endroits à l'abri des gelées, afin de les donner aux bestiaux en les coupant par parties plus ou moins grosses suivant le bétail auquel on en donne.

DE LA SPERGULE.

La Spergule est fort cultivée en Allemagne & en Flandres; elle y est reconnue pour donner aux vaches une grande abondance de lait, & une qualité supérieure au beurre qu'on en fait; elle conserve les bestiaux dans le meilleur état; les moutons qui en sont nourris ont un goût exquis, & les bœufs s'en accommodent également, aussi-bien que les chèvres.

La graine en outre est excellente pour nourrir les pigeons & la volaille pendant l'hiver; elle les fait pondre & multiplier.

Cette plante semble nous être donnée par la Providence pour qu'il n'y ait pas un coin de terre inutile : elle croît dans les sables les plus stériles, les graviers les plus arides, les terres les plus âpres, & prospère dans toutes les espèces de craies.

On peut la semer dans quelque tems de l'été que ce soit; la sécheresse, la dureté du sol n'y font rien; mais il faut la semer en Mars & en Avril pour faire la récolte de la graine qui mûrit en Juillet & Août.

Si l'on ne veut qu'en nourrir les bestiaux, il suffit de la semer dans le mois d'Août, ou même après la moisson.

Le terrein où on la sème doit être préparé par un labour; il faut, autant qu'il est possible, le rendre uni : dix à douze livres de graine suffisent pour ensemencer un acre; on l'enterre avec une herse d'épine.

L'AJONC.

Quoique l'Ajonc soit un arbrisseau, & qu'en cette qualité il serve à former de très-bonnes haies, ses pousses tendres & succulentes tiennent lieu de fourage pendant l'hiver, dans plufieurs endroits où on l'élève à ce deffein, fous les noms de Jonc-marin ou Jommarin, de Lande, de Genêt épineux. On le fème ordinairement au mois de Mars mêlé parmi les menus grains, dont on fait la récolte dans le tems ordinaire de l'Août; & l'année fuivante on coupe ce fourage à mefure qu'on veut le donner aux beftiaux : il faut le hâcher & piler dans des auges pour le leur faire manger. Les chevaux s'en accommodent très-bien. Il faut le couper dès la première année & les fuivantes le plus près de terre qu'il eft poffible, parce que les nouvelles tiges qui fe multiplient étant renouvellées dans toute leur longueur, donnent un fourage tendre, toujours vert & fucculent, qui eft d'autant plus agréable pour le bétail dans l'hiver, que dans cette faifon ils font privés des pâturages. Cette prairie artificielle dure plufieurs années. Quoique l'Ajonc n'épuife point la terre, lorfqu'on veut le détruire, on peut laiffer fécher dans le champ la tige & les racines que l'on dégage bien de la terre; on y met le feu, & il en réfulte une cendre faline qui produit des effets furprenans dans le terrein où l'on a fait cette opération. Il paroît avantageux de la faire dans l'hiver ou au printems, afin que, par les différens labours, on puiffe bien mêler cette cendre précieufe avec la terre qui fe trouve bien difpofée à recevoir le blé l'automne fuivante.

Pour former des haies avec le Jonc-marin, il faut le femer par rayons. On en forme deux ou trois, efpacés l'un de l'autre d'environ cinq pouces, & profonds de trois à quatre, dans lefquels on fème la graine par pincée, qu'il eft bon de mêler avec les menus grains pour la répandre plus également & moins drue. Cette plante annuelle facilitera fans doute la levée & l'accroiffement de l'Ajonc; en le préfervant de la grande ardeur du Soleil, elle lui confervera auffi un peu de fraîcheur qui lui fera avantageufe. Les femences étant répandues, elles feront recouvertes par le moyen du rateau, en faifant at-

tention de ne les point trop faire écarter de leur ri-
golle. On taille soigneusement cette haie la seconde
année pour faire multiplier les branches dont il faut
faciliter l'entrelacement dans le milieu.

LA LUZERNE.

Tout le monde connoît la Luzerne & son utilité
par l'abondance & la bonne qualité de la nourriture qu'elle fournit à tous les bestiaux. Les lieux où
elle se plaît davantage sont les terreins qui ont beaucoup de fond, qui sont gras & légers; elle ne réussit
point dans les terres sèches & arides. On la sème en
Mars & Avril dans le terrein convenable, amélioré
par le fumier, si on le croit nécessaire, mais sur-tout
bien préparé & hersé pour le rendre uni, & afin
d'en débarrasser les autres herbes qui pourroient lui
nuire : on peut semer aussi la Luzerne à la fin d'Août
& en Septembre ; elle profite de l'humidité de l'automne pour étendre ses racines qui pivotent profondément, & il n'y a que la crainte de fortes gelées
de l'hiver qui empêche de la semer communément en
cette saison, puisque l'été suivant on jouiroit de la
récolte.

Les belles semences de Luzerne viennent de Provence ; il en faut de celles-ci dix-huit à vingt livres
à l'arpent, & de celles de ces cantons on en met
environ vingt-cinq livres. En la semant au printems,
il est avantageux de la mêler avec demi-semence
d'avoine pour la préserver dans sa levée de l'ardeur
du soleil qui pourroit lui faire tort ; on recoltera
cette avoine dans sa saison ; cependant si l'année
étoit assez abondante pour qu'elle eût beaucoup
tallé, il faudroit la couper en vert & la faire manger
ainsi aux bestiaux ; les pieds de Luzerne coupés ne
manquent pas de repousser. Ce n'est qu'à la seconde
année qu'on a à espérer de sa récolte ; elle n'est même
dans toute sa force qu'à la troisième ; on la coupe
trois à quatre fois par an ; il faut choisir pour cela

le plus beau tems & la faire sécher le plus promptement possible en la remuant souvent; le tems de la
faucher est aussi-tôt qu'elle est fleurie. Une Luzer-
nière bien gouvernée dure dix & douze ans; il ne
faut point la laisser pâturer, la dent de l'animal nui-
sant à cette plante, & en défendre l'entrée à la volaille qui lui feroit aussi du tort.

La Lupuline ou le Trèfle noir.

Cette espèce de Luzerne commune dans les prés,
forme seule une excellente nourriture pour engraisser
tous les bestiaux qui pâturent; c'est un fourage qui a la
qualité de ne point échauffer ou très-peu. On le
fauche trois fois par an, quand il est dans un bon
terrein, gras & humide. On le sème au Printems &
en Automne; on en met six à sept boisseaux à l'arpent; on doit le couper à la fleur pour en faire du
foin.

Le Trèfle de Hollande.

Le Trèfle de Hollande ne demande pas de culture
particulière; il se sème au mois de Mars, Avril &
commencement de Mai, & pour l'ordinaire seul. Il
est d'autant plus estimé, qu'outre la qualité de son
fourage abondant qui convient à tous les bestiaux,
il améliore singuliérement les terres; si l'on en met
dans un terrein argilleux, & que l'on y sème du blé
après l'avoir détruit, on sera surpris de l'abondante
récolte que l'on fera.

Le Trèfle ne dure que trois ans au plus; bien des
fermiers ne le laissent subsister qu'une ou deux années, le mettant dans des terreins qu'ils veulent faire
reposer & auxquels il fournit un bon engrais pour le
froment que l'on met en place. Le Trèfle se coupe
trois à quatre fois par an; il faut saisir le moment
& profiter du tems le plus sec pour faire la récolte
de ce fourage, vu qu'il contient beaucoup de suc

viſqueux, & ſèche en conſéquence difficilement. On prépare la terre comme pour la Luzerne.

LE SAINFOIN.

L'Eſparcette ou le Sain-foin, ainſi nommé parce qu'il eſt appétiſſant, nourriſſant, & très-propre pour engraiſſer les chevaux & les autres beſtiaux auxquels on en donne; il les ragoûte ſinguliérement, & donne beaucoup de lait aux vaches qui en mangent; il faut les accoutumer à le manger en ſec, & ne point le leur donner pour toute nourriture, car il les engraiſſeroit trop. Le Sain-foin eſt d'autant plus eſtimé pour les prairies artificielles, qu'il croît dans tous les terreins. On en fait trois récoltes par an; il y a de l'avantage à le faucher dès la première année, moins pour l'intérêt de la récolte, que, parce qu'en coupant les tiges ſupérieures, les racines tallent ou s'accroiſſent beaucoup plus.

Une prairie dure dix à douze ans dans une terre médiocre, & plus dans un bon terrein. On ſait qu'il a la qualité d'améliorer les fonds ſablonneux à un point que leur rapport en grain ſe trouve étonnant. On le ſème en Mars & Avril après avoir bien préparé la terre, il en faut quinze à dix-huit boiſſeaux par arpent.

LE SAFRAN.

Les curieux de fleurs cultivent le Safran d'automne comme le printannier dont ils ont pluſieurs jolies variétés; mais le premier fournit une denrée de commerce d'un très-bon rapport, ce qui doit engager à tenter ſa culture tous ceux qui ſe trouveront dans un climat favorable. Le Safran ſe multiplie très-aiſément par le moyen de ſes oignons qui croiſſent tous les ans en quantité. On les plante depuis Mars juſqu'en Juillet; une terre bien ameublie, légere, noire & ſablonneuſe leur convient beaucoup. On les met en terre à un pouce environ de diſtance les uns des autres dans des ſillons eſpacés d'un demi-pied & profonds de cinq à ſix pouces. On recouvre ces oignons, & s'il ne leur ſurvient point de maladie, on ne leur doit de ſoins que dans la récolte des fleurs, qui ſe fait pour l'ordinaire en Septembre ou Octobre, ſuivant que la ſaiſon eſt plus ou moins avancée.

L'ALPISTE.

L'Alpiſte ſe ſème comme tous les petits grains de Mars en terre bien meuble; il ne demande d'autres ſoins que celui de le préſerver des oiſeaux vers ſa maturité. Son grain, ou mieux encore ſes épis ſont une nourriture très-agréable aux oiſeaux & ſur-tout aux Serins.

LE SORGO.

Le Sorgo qu'on a auſſi nommé Millet d'Inde, Millet d'Afrique & gros Mil d'Italie, ſe cultive comme le Millet ordinaire; ſa graine porte plus de profit étant plus groſſe. En Italie on en fait beaucoup d'uſage. Elle ne réuſſit dans ce climat qu'en des lieux naturellement chauds & humides & dans les années favorables. C'eſt une très-bonne nourriture pour les oiſeaux de volière & de baſſe-cour.

LE MILLET ET LE PANIS.

Ces deux Graminées, qui ſervent à-peu-près aux mêmes uſages, exigent la même culture; elles réuſſiſſent bien dans une terre douce & légère: on doit les ſemer fort clair en Avril & Mai, & avoir l'attention de couvrir la ſemence de terre; il faut même éclaircir les pieds un mois après la levée, parce que, s'il n'y avoit pas de diſtance entre les pieds, ils ne profiteroient point & produiroient peu. Dans beaucoup de pays on fait autant d'uſage du Millet mondé que nous en faiſons du Ris. Ici c'eſt la nourriture ordinaire des petits oiseaux. On leur donne le Panis par régal, soit en épis, soit en grains.

LE SOUCRION.

Se cultive comme l'Orge commune ; son grain nud comme celui du Froment est particuliérement estimé dans certaines provinces.

LE FROMENT DE SMIRNE.

On le nomme encore Blé d'abondance, de Providence, de Miracle, ou Froment milliaire. On le sème comme le Froment ordinaire & dans la même saison. Ce Blé est gourmand & exige un bon terrein. Il mûrit dans les années avantageuses, quoique semé en Mars. Son grain est rarement attaqué de la Carie.

LE MAÏS.

Il seroit trop long de rapporter ici tous les usages du Maïs. Ils varient dans chaque province comme sa culture & ses noms.

Ici on le nomme Turqui ou Blé de Turquie ; là Blé d'Espagne, Milloc ou gros Millet. Dans telle province on fait des gâteaux & même du pain de sa farine mêlée avec celle de froment ; dans telle autre ce sont des gaudes, sorte de bouillie à l'eau & au beurre fort usitée dans toute la Bourgogne. Les amateurs de nouveautés en ragoûts ont essayé de manger le grain vert en petits pois & les épis entiers très-jeunes, en cornichons ou en friture. Mais par-tout on engraisse la volaille avec le Maïs : cette nourriture unique les fait profiter à vue d'œil.

Les cochons ne s'en trouvent pas moins bien ; &, si l'on en nourrit les pigeons, leur chair sera blanche, tendre & leur graisse ferme & savoureuse. Quant à la manière de le cultiver, on le sème par rayons, par touffes ou seul à seul : en général il suffit que la terre foit préparée, & qu'il y ait de la diftance entre chaque plante pour faciliter le binage que l'on doit donner au pied de la tige ; opération qui la fait croître avec plus de vigueur.

Le Maïs eft gourmand ; & quoiqu'il réuffiffe dans prefque tous les terreins, il fait cependant beaucoup mieux dans une terre graffe naturellement ou amendée. Lorfque les feuilles font grandes, on en coupe une partie, & même le fommet de la tige qui porte l'épi mâle défleuri, afin que la plante prenne plus d'air. Le tems de le femer eft en Mars & Avril, & celui de la récolte à la fin de Septembre.

La Garance.

Le bon produit que l'on tire de la culture de la Garance eft aujourd'hui auffi généralement reconnu que fon utilité dans les teintures.

Cette plante réuffit très-bien dans les terres douces & légères ; un fol humide ne l'eft point trop, fi l'eau n'y croupit point ; une bonne terre fabloneufe fur un fond de glaife lui convient fur-tout beaucoup : on ne perdra jamais de répandre des fumiers dans les Garancières ; on a vu cette plante très-bien réuffir dans des terres très-arides améliorées avec le fumier de bœuf & de vache.

Si l'on veut femer la Garance dans un terrein cultivé, on lui donne le même labour que pour le froment ; fi au contraire on fe propofe d'en mettre dans une terre en friche, il faut lui donner plufieurs labours, d'abord deux avant l'hiver, afin qu'elle fe trouve ameublie par les gelées, & en état de recevoir la femence en Mars ou Avril, fuivant que la faifon le permettra, après lui avoir donné un nouveau labour & même deux, fi la terre ne paroiffoit pas fuffifamment brifée, l'un defquels feroit fait dans les tems les plus favorables fur la fin de l'hiver. On met deux boiffeaux de graine par arpent, & il y a des terreins où il fuffit d'un boiffeau & demi ; la femence

répandue, il faut herſer la terre; & quand la plante
eſt levée, ſarcler dans le beſoin pour ôter les autres
herbes; on récolte la graine la première année, &
on butte après chaque pied d'un peu de terre; l'année ſuivante on fait une autre récolte de graine, &
vers le mois de Novembre qui ſuit cette ſeconde récolte, on arrache ſes plus groſſes racines, les autres ſe récoltent l'année ſuivante; & ſans faire tort
à la vente on peut en tirer de petits tronçons
garnis chacun d'un tubercule pour en faire de nouvelles plantations.

LA SOYEUSE.

C'eſt une eſpèce d'Apocin : on lui a donné les noms
d'Ouatte & de Soyeuſe par rapport aux aigrettes
qu'on trouve dans ſes fruits, dont on fait de la
ouatte, & qu'on a trouvé le moyen de filer mêlée
avec de la ſoie depuis quelques années, pour en fabriquer diverſes étoffes. Cette plante, qui eſt vivace, s'accomode des plus mauvais terreins; on ſème
de la graine au Printems, & après les premières années, elle ne demande plus aucune culture, pro-
duiſant tous les ans d'abondantes récoltes.

LE COLSA.

C'eſt une eſpèce de chou fort cultivé en Flandre,
où il fait un objet conſidérable de commerce. On fait
de l'huile avec ſa graine comme avec la navette. Les
pains dont on a exprimé l'huile, ſervent à engraiſſer
les beſtiaux de toute eſpèce. On leur fait manger
auſſi la menue paille du Colſa qui ſort du van. Il ſe
ſème au Printems, & demande une bonne terre qui
ait du fond ou qui ſoit bien amendée par les engrais.
On replante le Colſa comme les choux à ſix pouces de
diſtance par rangées eſpacées d'environ un pied.

LE LIN DE RIGA.

Tout le monde connoît l'utilité du Lin , & peu de
perfonnes en ignorent la culture. Il faut le femer
dant le mois de Mars , & choifir , autant qu'il eſt
poſſible , un beau tems. Il demande une terre graſſe ,
point trop humide & bien ameublie qu'il eſt néceſ-
faire de nétoyer exactement de toutes racines & herbes. La graine femée fort clair , il faut herfer la terre ,
& y paſſer le rouleau pour la reſſerrer. Dès que le
Lin a deux pouces de hauteur , il faut le farcler foi-
gneufement , & continuer jufqu'à ce qu'il en ait environ fix. La meilleure graine de Lin vient de Riga ,
& c'eſt celle que nous fournirons aux cultivateurs.
Il ne faut l'arracher que lorfqu'il eſt près de fa maturité ; car trop vert , fa filaſſe en eſt plus groſſe , &
elle tombe beaucoup en étoupe.

LE CHANVRE DE PIÉMONT.

Se cultive comme le chanvre ordinaire , fi ce n'eſt
qu'il doit être fort efpacé , car il monte à la hauteur
de fept à huit pieds , & étend fes branches à propor-
tion : il devient ligneux , de manière que les tiges des
portes-graines fervent à former des cannes de promé-
nade. Le bas du tronc eſt recherché par les horlogers
qui s'en fervent à polir leurs ouvrages. Son plus grand
ufage vient de fa graine qu'il fournit dans une abondance prodigieufe.

MANIERE DE SEMER LES BEAUX GAZONS.

Le beau Gazon vient des graines des bas prés. Avant
de le femer , il faut ôter toutes les mottes & les pierres ; bien labourer le terrein ; paſſer la terre au rateau fin , & répandre uniment fur fa furface un ou
deux pouces de bonne terre , cela y fera très-bien.
Enfuite femer la graine par un tems couvert , & la

recouvrir avec le rateau. On n'évite, pour semer les gazons, que les grandes sécheresses & les grands froids ; les saisons du printems & de l'automne sont préférables. On doit les faucher quatre à cinq fois par an, & de fort près, afin que l'herbe soit toujours épaisse & raze.

Si on a le soin d'y faire semer tous les ans de nouvelles graines, le gazon ne s'altérera jamais, étant ainsi renouvellé, & sera toujours des plus beaux.

LE FIN HOUSSI.

C'est un petit Trèfle fort joli que l'on emploie beaucoup en Angleterre pour former des tapis d'agrément ; il se sème au printems comme le grand Trèfle, lorsqu'on a bien préparé la terre qu'il faut après unir autant qu'il sera possible. Si l'on coupe souvent ce gazon, il est toujours d'un vert le plus gai. Mais si l'on veut jouir de l'agrément de ses fleurs qui flattent beaucoup, la plante en durera moins. On met environ trente livres de graine à l'arpent.

RECETTE du RATAFIA DE FLEURS DE MOLDAVI-QUE, nommée LE NÉPENTES.

Lorsqu'on veut élever la Moldavique pour l'orne-ment des jardins en automne, on peut ne la femer qu'en Avril ; mais il faut la femer dès le mois de Mars fur couche, pour récolter fes fleurs dans l'été, quand on en veut faire de bon Ratafia.

On doit cueillir cette fleur à midi dans de beaux jours, la dépouiller de fon calice, & la mettre auffi-tôt infufer au foleil dans de l'eau de vie, ayant foin de remplir la bouteille à mefure qu'on ajoute des fleurs.

Deux mois après, paffez la liqueur dans une chauffe & preffez le marc. Mefurez la quantité de cette infu-fion, & prenez pareille quantité d'eau-de-vie pure ; pefez vingt onces de fucre par pintes de Paris ; faites clarifier le fucre dans une poële fur un fourneau à grand feu de charbon. Lorfqu'il eft réduit en firop, jettez dans la poële l'infufion & l'eau-de-vie ; laiffez bouillir le tout eufemble quelques bouillons, & quand la liqueur eft refroidie, paffez-la dans une toile neuve & ferrée, laiffez-la refroidir dans un vaiffeau de fayence couvert d'un papier & de linge, puis mettez-la dans les bouteilles que vous ne boucherez que le lendemain.

Quoique par ce procédé on femble ôter beaucoup de force au Ratafia, il lui en refte affez pour le ren-dre une liqueur très-agréable & très-falutaire. Au refte, on fait que la Moldavique a toutes les pro-priétés de la Méliffe.

RECETTE du Ratafia des Sept-Graines.

PRENEZ de la graine d'Anis, d'Anet, de Carvi, de Coriandre, de Carotte & de Fénouil, de chacune une once & deux gros d'Angélique musquée : faites infuser ces sept graines aromatiques dans quatre pintes d'eau-de-vie dans une bouteille de verre ou une cruche pendant le tems de quinze jours en été, ou de trois semaines en hiver, avec le soin de remuer la bouteille tous les jours pour empêcher la liqueur de se graisser, & celui de l'exposer au soleil s'il est possible. Passez l'infusion à la chausse, ajoutez-y six onces ou même demi-livre de sucre par pinte de liqueur, fondu dans demi-septier d'eau, & repassez le tout à la chausse une seconde fois. Ce Ratafia très-connu & très-estimé peut se faire en tout tems : on trouvera même chez le sieur Andrieux lesdites graines criblées & mélangées toutes prêtes à infuser, & l'on peut être assuré de les avoir toujours fraîches & de la meilleure qualité.

CATALOGUE

CATALOGUE

RAISONNÉ

DES MEILLEURES SORTES

D'ARBRES FRUITIERS,

Dont le Sieur ANDRIEUX, Marchand Grainier - Fleuriste & Botaniste du Roi, à Paris, quai de la Mégisserie, près l'Arche Marion, au Roi des Oiseaux, procurera des Greffes ou de jeunes Sujets greffés dans les saisons convenables.

AVERTISSEMENT.

Les noms françois des Arbres que comprend ce Catalogue sont les plus usités & ceux que M. Duhamel a adoptés dans son Traité des Arbres fruitiers imprimé à Paris en 1769, deux volumes *in-4°.* grand papier ; on y verra dans les planches le portrait fidèle des principales espèces & la description détaillée de toutes. Celle que nous donnons ici en est extraite, ainsi que les phrases latines qu'on a mises en marge.

Nous avons cru faire plaisir de les ranger dans l'ordre de leur maturité ; mais il est nécessaire d'observer que cet ordre est celui que garderoient ces fruits cultivés dans un même sol & en pareille température ; de sorte que la différence des terreins & des expofitions produit fouvent de grandes différences dans leur maturité.

CATALOGUE

RAISONNÉ

DES MEILLEURES ESPECES

D'ARBRES FRUITIERS

Indiqués dans le Traité des Arbres fruitiers de M. DUHAMEL, & dont le Sieur ANDRIEUX procurera du Plant ou des Greffes dans les Saisons convenables avec toute sûreté pour la franchise de l'espèce.

LES VIGNES.

LE MORILLON HATIF, OU RAISIN PRÉCOCE, OU *Raisin de la Magdeleine*. Il doit tout son mérite à sa précocité. Ses grappes sont petites, bien garnies de petits grains, dont la peau un peu dure est d'un violet noir. Leur chair est verdâtre & leur eau presque insipide. Il a plusieurs variétés qui ne diffèrent que par la couleur. *Vitis acino parvo subrotundo, nigricante, præcoci.*

A iij

Vitis acino medio rotundo, ex albido flavescente.

LE CHASSELAS, *Chasselas doré, ou Bars-le-Chasselas, ou Bar-sur-Aube blanc* est le Raisin le plus commun dans nos jardins. Sa grappe est grosse ; ses grains ronds de grosseur inégale, couverts d'une peau dure d'un jaune pâle, quelquefois ambrée, qui renferme une chair fondante pleine d'une eau très-douce, sucrée, excellente.

Vitis acino medio, rotundo, rubello.

LE CHASSELAS ROUGE est une variété du précédent, dont le grain est un peu moindre, & lavé de rouge clair sur un côté.

Vitis acino medio, rotundo, albi-moschato.

LE CHASSELAS MUSQUÉ. C'est une autre excellente variété de Chasselas, dont le grain est des mêmes forme & grosseur, la peau d'un vert pâle, & l'eau relevée d'un petit parfum de musc fort agréable.

Vitis folio laciniato, acino medio rotundo, albido.

LE CIOUTAT, *Ciotat ou Raisin d'Autriche* est un vrai Chasselas, dont la grappe est moindre & moins garnie de grains que celle du Chasselas doré. La feuille de cette vigne est palmée ou laciniée en cinq pièces découpées profondément.

Vitis apiana acino medio, subrotundo, albido, moschato.

LE MUSCAT BLANC. Il a la grappe presque conique. Ses grains sont alongés, leur peau croquante, d'un vert clair, un peu ambrée du côté du soleil. La chair assez ferme est pleine d'une eau musquée, excellente, lorsque ce raisin peut acquérir une parfaite maturité : c'est le plus commun des Muscats.

Vitis apiana acino medio, rotundo, rubro, moschato.

LE MUSCAT ROUGE. La grappe du *Muscat rouge* est de même forme que celle du Muscat blanc. Les grains, moins serrés, sont ronds, les uns d'un rouge vif, les autres mêlés de jaune & de rouge clair. La chair est ferme, & l'eau musquée est agréable.

Vitis apiana acino magno, oblongo, violaceo, moschato.

LE MUSCAT VIOLET a les grains plus gros, alongés, la peau plus dure, d'un violet foncé, la chair verdâtre, l'eau musquée, moins agréable que les deux précédens.

LE *MUSCAT NOIR*, inférieur en bonté à tous les autres Muſcats, eſt de groſſeur moyenne, d'un violet tirant ſur le noir; ſa chair en eſt un peu teinte; ſon eau eſt muſquée.

Vitis apiana acino medio, ſubrotundo, nigricante, moſchato.

LE *MUSCAT D'ALEXANDRIE*, ou *Paſſe-longue muſquée*. Ses grappes ſont de même forme que celles des autres Muſcats. Son grain eſt ovale, fort gros, couvert d'une peau dure, d'un vert tirant ſur le jaune. Sa chair blanche & ferme eſt pleine d'une eau muſquée & excellente. Mais ce raiſin a peine à murir aux expoſitions même les plus chaudes.

Vitis apiana acino maximo, ovato, e viridi flaveſcente, moſchato, Alexandrina.

LE *RAISIN DE MAROC*, plus agréable à l'œil qu'au goût, eſt fort gros, ovale. Sa peau eſt dure, d'un violet foncé. Son eau aigre avant ſa maturité devient alors inſipide. La grappe eſt très-groſſe. Sa variété à fruit blanc, & *le Maroquin* ou *Barbarem* ne valent pas mieux.

Vitis acino maximo, ovato, ſaturé violaceo.

LE *CORNICHON BLANC*. Sa grappe ne contient pas un grand nombre de grains, qui ſont très-longs, renflés au milieu, courbés, imitant la forme d'un petit cornichon. La peau en eſt dure, d'un vert très-pâle : l'eau douce, ſucrée, fort bonne, lorſque ce raiſin peut mûrir. Il a une variété de couleur violette, qui mûrit encore plus difficilement.

Vitis acino longiſſimo cucumeri formi albido.

LE *BOURDELAS*, *Bordelais* ou *Verjus*, a des grappes extrêmement groſſes. Les grains ſont oblongs, couverts d'une peau très-dure, d'un vert clair tirant ſur le jaune. La chair en eſt aſſez ferme; l'eau abondante & acide devient douce & agréable dans la maturité; mais on ne l'emploie guère que vert en ce pays. Ses deux variétés à *fruit rouge* & à *fruit noir* n'en diffèrent que par la couleur.

Vitis acino majore, ovato, e viridi flaveſcente, Burdigalenſis dicta.

LE *CORINTHE BLANC* a la grappe fort alongée, bien garnie de grains très-petits, ronds ſans pepins,

Vitis acino minimo ro-

tundo, albido, sine nucleis, Corinthia. de la même couleur que le Chasselas blanc, d'une eau sucrée & fort agréable. Ses deux variétés, *rouge & violette*, sont moins bonnes & plus sujettes à couler.

LES AMANDIERS.

Amygdalus sativa fructu minori. *C. A. P.* *L'AMANDIER A PETIT FRUIT.* Quoique cet Amandier, qui est le plus commun dans nos jardins, ait l'Amande douce, la petitesse de l'Amande & la dureté de la coque le rendent peu propre aux usages économiques. Les Pépiniéristes en sèment les fruits pour former des sujets propres à recevoir la greffe de différens arbres. Il a une variété dont l'Amande est amère.

Amygdalus dulcis putamine molliore. *C. B. P.* *L'AMANDIER DES DAMES, Amandier à coque tendre ou à noyau tendre.* Il produit des fruits un peu plus gros que le précédent, & est très-estimable par la douceur de son amande & la fragilité de son noyau.

Amygdalus dulcis fructu majori. *L'AMANDIER A GROS FRUIT, dont l'Amande est douce,* mérite le plus d'être cultivé dans notre climat, où il réussit bien. Ses fruits donnent des sujets pour les pepinières beaucoup meilleurs que l'Amande douce commune. La douceur, la fermeté & le volume de ses Amandes les fait rechercher tant vertes que séches. Il a une variété dont l'Amande est amère.

Amygdalus Persica. *L'AMANDIER-PECHER, ou Amandier-Pêche.* Il participe des deux arbres dont il porte le nom. Son fruit nommé aussi Pêche-Amande, est quelquefois couvert d'un brou sec & mince comme celui des Amandes, d'autrefois d'une chair épaisse & succulente comme les Pêches; mais l'eau en est amère. Le noyau des uns & des autres est gros & lisse & contient une Amande douce.

LES PECHERS.

L'*Avant-Peche blanche*. La chair de cette Pêche est blanche, fine & succulente ; son eau est très-sucrée, elle a un parfum musqué qui la rend très-agréable ; elle est très-hâtive, puisqu'elle mûrit quelquefois dès le commencement de Juillet. — *Persica flore magno, precoci fructu, albo minori.*

L'*Avant-Pecher rouge*, ou *Avant-Pêche de Troyes*. Elle mûrit au commencement d'Août aux bonnes expositions ; sa chair est blanche, fine, fondante ; son eau est sucrée & musquée. — *Persica flore magno fructu æstivo, rubro, minori.*

L'*Avant-Peche jaune*. Sa chair est d'un jaune doré, elle est fine & fondante ; son eau est douce & sucrée. — *Persica æstiva flore parvo, fructu minori, carne flavescente.*

La *double de Troyes*, ou *Pêche de Troyes, dite Petite Mignone*. Ce fruit est au nombre des bonnes Pêches, sa chair est ferme, fine, blanche ; son eau abondante, un peu sucrée & vineuse ; il mûrit vers la fin d'Août. — *Persica æstiva flore parvo; fructu mediocris crassitiei ; trecassina dicta.*

La *Peche-Madeleine blanche*. Sa chair & sa peau sont également blanches, & cette chair est délicate, fine, fondante & succulente; son eau abondante, sucrée, musquée & d'un goût fin. Elle commence à mûrir vers la mi-Août. — *Persica flore magno, fructu globoso, compresso ; albis carne & cortice.*

La *véritable Pourprée hative a grande fleur*. Cette belle Pêche regardée comme une des meilleures mûrit dans le commencement d'Août ; sa couleur est d'un rouge foncé & sa forme bien ronde ; sa chair est fine & très-fondante, son eau abondante & délicieuse. — *Persica fructu globoso, æstivo, obscurè rubente, carne aquosâ suavissimâ.*

Perfica flore parvo, fructu mediocris, carne flaveſcente. L'ALBERGE JAUNE, ou *Pêche jaune.* Sa chair eſt très-fondante quand le fruit eſt bien mûr, & que l'arbre ſe porte bien ; ſon eau eſt ſucrée & vineuſe : elle mûrit à la fin d'Août.

Perfica fructu globoſo, carne buxeâ, muleo adhe-rente, cortice obſcurè-ru-bente. LE PAVIE-ALBERGE, *Perſais d'Angoumois.* Ce fruit eſt excellent & mûrit à la fin de Septembre ; ſa chair eſt jaune couleur de buis, fondante & tient au noyau ; ſa peau eſt colorée d'un rouge obſcur.

Perfica flore parvo ; fructu æſtivo com-preſſo, pau-lulùm verru-coſo. LA CHEVREUSE HATIVE. Elle a la chair fondante ; ſon eau eſt douce & ſucrée. Cette Pêche mûrit à la fin d'Août. Il y a une variété de cette eſpèce nommée *Pêche d'Italie* qui abonde en eau, & dont le fruit eſt un peu plus gros & plus tardif.

Petſica flore magno ; fruc-tu æſtivo glo-boſo, obſcurè-rubente ſua-viſſimo. LA POURPRÉE HATIVE, ou *Vineuſe.* Cette Pêche paroît être une variété de la groſſe Mignone ; elle mûrit au même tems ; ſa chair eſt fine, blanche, ſuc-culente ; elle abonde en eau vineuſe.

Perfica flore magno ; fruc-tu globoſo, pulcherrimo, ſaturè rubro. LA MIGNONE, *Groſſe Mignone, Veloutée de Mer-let.* Ce fruit eſt bien rond & d'un rouge vif ; ſa chair eſt fine, fondante, ſucculente & fort délicate ; ſon eau eſt ſucrée, relevée, vineuſe : ſa maturité eſt ſur la fin d'Août.

Perfica flore magno, fruc-tu paululùm compreſſo, cortice rubro, carne venis rubris murica-tâ. LA MADELEINE ROUGE, ou *Madeleine de Courſon.* Cette Pêche eſt au nombre des meilleures, ayant une eau ſucrée & d'un goût relevé très-agréable : elle mûrit en Septembre : ſa forme eſt un peu applatie, ſa peau rouge & ſa chair veinée de la même couleur. *La Madeleine tardive,* qu'on croit être une variété de la précédente, ne mûrit qu'en Octobre & Novem-bre ; elle eſt auſſi très-bonne.

Perfica flore parvo ; fructu æſtivo, com-preſſo, pau-lulùm verru-coſo. LA BELLE CHEVREUSE. Sa chair eſt aſſez ferme, ſon eau ſucrée & aſſez agréable ; cette Pêche mûrit dans le commencement de Septembre.

LA BELLEGARDE ou GALANDE. Cette Pêche mûrit à la fin d'Août; elle est assez grosse, ronde & d'un rouge foncé; sa chair est ferme & cassante; cependant fine, pleine d'eau sucrée & de très-bo goût. .—

Persica flore parvo; fructu magno, globoso, atro-rubente, carne firmâ, saccharatâ.

LE PAVIE BLANC ou *Pavie-Madeleine.* Sa chair, qui tient au noyau, est ferme, succulente, abondante en eau & très-vineuse dans sa parfaite maturité qui arrive au commencement de Septembre.

Persica flore magno, fructu albo, carne durâ, nucleo adhærente.

LA VERITABLE CHANCELIERE *à grande fleur.* Cette Pêche est excellente, elle mûrit au commencement de Septembre; on remarque quelques verrues sur sa peau qui est d'un rouge gai.

Persica flore magno; fructu minùs æstivo, paululùm verrucoso, dilutè rubente.

LA PECHE MALTHE. Sa chair est fine, son eau un peu musquée & *très-agréable* dans sa maturité; cette Pêche un peu applatie a la peau rouge & la chair blanche.

P. fl. mag. fr. amplo, serotino, compresso, cortice paululùm rubente, carne albâ.

LA PECHE-CERISE. Ce fruit est très-agréable à la vue par ses belles couleurs; il est lisse & coloré en partie de rouge & de blanc; sa chair est assez fine & fondante : il mûrit au commencement de Septembre.

Persica flore parvo, fructu glabro æstivo, carne albâ, cortice partim albo, partim dilutè rubente.

LA PETITE VIOLETTE HATIVE. L'eau sucrée, vineuse & parfumée de cette Pêche la rend une des meilleures; elle mûrit au commencement de Septembre. On sait que toutes les Pêches qu'on nomme *Violettes* ont la peau lisse.

Persica flore parvo, fructu glabro, violaceo, minori vinoso.

LA GROSSE VIOLETTE HATIVE. Sa chair est fondante, moins vineuse que celle de la précédente; ce fruit est aussi très-bon; il mûrit au commencement de Septembre.

Persica flore parvo, fructu glabro violaceo, majori vinoso.

LA BOURDINE, ou *Pêche-Bourdin, Narbonne,*

Persica flore

parvo; fructu globoso, pulcherrimo, atro-rubente.

Cette Pêche bien faite, & que son rouge-brun rend très-agréable, se trouve mûre en Septembre; sa chair est très-fine, fondante; son eau vineuse & d'un goût excellent.

Persica flore parvo; fructu magno, globoso, dilutè-rubente, carne firm â sacharatâ.

L'ADMIRABLE. Ce fruit est bien nommé; il est gros, bien rond, d'un rouge gai; sa chair est ferme, fine, fondante; son eau est douce, sucrée, d'un goût vineux, fin & relevé qui est admirable : il mûrit à la mi-Septembre.

Persica flore parvo, fructu magno, carne flavescente.

LA ROSSANNE. La Pêche de Rossanne paroît être une variété de l'Alberge jaune, ayant les mêmes qualités, excepté sa saison; elle est aussi plus grosse.

Persica flore parvo, fructu magno, globoso, dilutè-rubente, venio purpureis muricato; carne firmâ & suavissimâ.

LA BELLE DE VITRY, ou *Admirable tardive.* La chair de cette Pêche est ferme & succulente; elle mûrit à la fin de Septembre; il faut la laisser passer quelques jours dans la fruiterie avant de la manger; alors elle a un goût relevé & une eau délicieuse; elle est grosse, ronde, d'un rouge gai, fouettée de veines pourprées.

Persica flore medio, fructu magno, globoso, suave-rubente; sapore gratissimo.

LE TEINDOU ou *Tein-doux.* Ce fruit est gros, bien rond, d'un beau rouge; il a la chair fine, l'eau sucrée & bien délicate, le tems de sa maturité est vers la fin de Septembre.

Persica flore parvo, fructu vix-globoso, dilutè-rubente, papillato, carne gratissimâ.

LE TETON DE VENUS. C'est une Pêche presque ronde, à l'exception d'une pointe qui se voit à l'extrêmité. Elle a la peau de couleur rouge gai; sa chair est fine & fort agréable, son eau a un parfum admirable; elle mûrit à la fin de Septembre.

Persica flore parvo, fructu serotino compresso.

LA CHEVREUSE TARDIVE ou *Pourprée.* Sa maturité suit la précédente; cette Pêche est bonne & fort agréable, sa forme est un peu applatie.

Persica flore magno, fruc-

LE BRUGNON VIOLET MUSQUÉ. Sa chair, quoique ferme & adhérente au noyau, est aqueuse, d'un goût excellent, vineuse, musquée & sucrée ; il mûrit à la fin de Septembre, sa peau est lisse comme celle des autres Pêches violettes. *tu glabro, violaceo, vinoso, carne nucleâ adhærente.*

LE PECHER *à fleur semi-double.* Les Pêches qu'il donne ont la chair blanche & une eau agréable ; elles mûrissent aussi à la fin de Septembre. *Persica flore magno semipleno.*

LA ROYALE. Ce fruit a la chair fine, l'eau sucrée, relevée d'un goût vineux agréable ; il mûrit vers la fin de Septembre, sa forme est un peu alongée, & sa couleur foncée. *Persica flore parvo, fructu paululùm oblongo, atrorubente serotino.*

LA NIVETTE VELOUTÉE. Sa chair ferme est succulente ; son eau est sucrée & relevée ; mais pour avoir ces bonnes qualités, il faut lui laisser passer quelques jours à la fruiterie. *Persica flore parvo fructu magno globoso, dilute-rubente, serotino.*

LA VIOLETTE TARDIVE qu'on nomme aussi *marbrée & panachée.* Lorsque cette Pêche est dans sa maturité, son eau est très-vineuse ; mais comme elle ne mûrit que vers la mi-Octobre, elle ne réussit que dans les Automnes chauds. *Persica flore parvo, fructu glabro e rubro & violaceo variegato, serotino, vinoso.*

LA MADELEINE TARDIVE. Cette Pêche qu'on regarde comme une variété de la Madeleine de Courson ne mûrit qu'en Octobre & Novembre ; elle est aussi très-bonne. *P. fl. mag. fr. paululùm compresso, cortice rubro, carne venis rubris muricatâ.*

LA POURPRÉE TARDIVE. Ce fruit est fort succulent, son eau douce & d'un goût relevé. *Persica flore parvo, fructu serotino, globoso, obscurerubente suavissimo.*

LA PECHE PERSIQUE. Sa chair est ferme & néanmoins succulente, son eau est d'un goût fin, relevé, très-agréable ; elle est vraiment excellente ; cette Pêche mûrit aussi en Octobre & Novembre. *Persica flore parvo fructu oblongo, colorato, verrucoso, serotino, carne firmâ vinosâ.*

Perſica flore magno, fructu maximo, pulcherrimo, carne durâ, nucleo adhæ-rente.

LE *PAVIE ROUGE* de *Pompone*, *Pavie monſtrueux*, ou *Pavie camus*. Si l'Automne eſt chaud, l'eau de ce beau fruit eſt vineuſe, muſquée, ſucrée & très-agréa-ble, & ſa chair, quoique bien ferme, eſt ſuccu-lente.

Perſica flore amplo, fructu magno, globoſo, ſero-tino, carne buxeâ.

L'*ADMIRABLE JAUNE*, *abricotée*, *Pêche d'abricot*, ou *groſſe Pêche jaune tardive*. Son eau eſt agréable dans les Automnes chauds; elle eſt mêlée d'un peu de parfum de l'abricot; ſa chair en a auſſi la cou-leur.

Perſica fruc-tu maximo, compreſſo, carne durâ, nucleo adhæ-rente, buxeâ.

LE *PAVIE JAUNE*. Cette Pêche a, comme on ſait, la chair ferme qui ne quitte pas le noyau; c'eſt un fort bon fruit qui a les qualités de l'Admirable jaune; ſa chair eſt un peu moins ferme, mais il eſt plus gros.

Perſica flore parvo, fructu globoſo, gla-bro, ſerotino buxeo colore, mali armenia-ci ſapore.

LA *JAUNE LISSE*, ou *Liſſée jaune*. Sa chair eſt ferme; lorſque les Automnes ſont favorables, ſon eau eſt ſucrée, très-agréable, & a un petit goût d'a-bricot; cette Pêche, quoique mûre, ſe conſerve quinze jours ſans perdre ſa qualité.

Perſica flore magno; cor-tice & carne rubris, quaſi ſanguineis.

LA *PECHE SANGUINOLE*, dite *Beterave* ou *Dru-ſelle*. Toute ſa chair eſt rouge comme la Betterave & un peu ſèche; cette Pêche curieuſe n'eſt point bonne crue, mais elle eſt parfaite en compote. *La Cardi-nale* tient beaucoup de cette dernière; mais elle eſt plus groſſe & meilleure.

Perſica Pa-lenſis.

LA *PECHE DE PAU*. Il faut des Automnes chauds pour que cette Pêche qui, eſt fort tardive, mûriſſe parfaitement; alors elle a la chair fondante, l'eau relevée & agréable.

Perſica flore parvo, fructu glabro, ferè

LA *VIOLETTE TRÈS-TARDIVE*, dite *Pêche-noix*. Pour que cette Pêche mûriſſe, il lui faut, comme à la précédente, un Automne favorable; elle reſſemble en tout à la violette tardive; sa chair a une foible teinture de verd.

viridi, maxime serotino.

LE PECHER NAIN. Il est moins utile par son fruit que curieux par la petitesse de l'arbre que l'on élève souvent dans un vase pour le servir sur la table.

Persica nana, frugifera, flore magno simplici.

LES CERISIERS.

LE MERISIER A GROS FRUIT NOIR. Son fruit beaucoup plus gros a la chair tendre & rouge, une eau fort colorée, abondante, douce & sucrée; il est très-employé pour les liqueurs.

Cerasus major ac silvestris multiplici flore.

LE MERISIER A FLEUR DOUBLE. On le cultive pour la beauté de sa fleur qui s'épanouit à la fin d'Avril; mais il ne donne point de fruit.

Cerasus major ac silvestris multiplici flore.

LES GUIGNIERS.

LE GUIGNIER A FRUIT NOIR. Cette Guigne mûrit dans le commencement de Juin; mais on la cueille souvent avant sa parfaite maturité; alors sa chair est ferme & rouge, & son eau assez agréable quoiqu'un peu sure.

Cerasus major hortensis fructu cordato, nigricante, carne tenerâ & aquosâ.

LE GUIGNIER A PETIT FRUIT NOIR. Cet arbre est une variété du précédent; il n'en diffère que par son fruit moins gros & d'une chair moins foncée en rouge.

C. maj. hort. fr. cordato minore, nigric. carne aquosâ subdulci.

LE GUIGNIER A GROS FRUIT BLANC. Quoique cette Guigne soit nommée blanche, elle est cependant en partie rougeâtre, sa chair est moins tendre que celle de la Guigne noire, son eau a un goût fort agréable, elle mûrit vers la mi-Juin.

C. maj. hort. fr. cordato, partim albo, partim rubro, carne tenerâ & aquosâ.

LE GUIGNIER *à gros fruit noir luisant.* La chair de cette Guigne est ferme, rouge; son eau est abondante, d'un goût relevé & agréable; elle mûrit à la fin de Juin.

C. maj. hort. fr. cord. nigro splendente, carne tenerâ; aquosâ & sapidissimâ.

LE GUIGNIER *à fruit rouge tardif.* Le seul mérite de cet arbre est de donner son fruit en Septembre & Octobre; c'est ce qu'on nomme *la Guigne de Saint-Gilles* ou *la Guigne de fer.*

C. maj. hort. fructu, cordato, rubro, serotino, carne tenerâ & aquosâ.

LES BIGARREAUTIERS.

LE BIGARREAUTIER *à petit fruit hâtif.* Le petit Bigarreau hâtif a la chair cassante, moins ferme cependant que les autres; son eau d'abord un peu sure s'adoucit & prend un goût relevé dans sa parfaite mâturité : il commence dès la mi-Juin.

Cerasus major hortensis fructu cordato minore, hinc albo, inde, dilut rubro, carne durâ dulci.

LE BIGARREAUTIER *à petit fruit rouge hâtif.* Variété du précédent; il n'en diffère que par sa couleur, sa chair un peu plus ferme & son eau un peu plus relevée.

C. maj. hort. fructu cordato minore rubro, carne durâ dulci.

LE BIGARRÉAUTIER *commun.* Sa chair est ferme & cassante, son eau abondante, vineuse, relevée & très-agréable; le Bigarreau ordinaire mûrit au commencement de Juillet, & pour être commun, il n'en est pas moins excellent.

Cerasus major hortensis fructu cordato medio, carne durâ sapidâ.

LE BIGARREAUTIER *à gros fruit rouge.* Ce Bigarreau, le meilleur de tous, a la chair ferme & fort succulente, une eau abondante, d'un goût très-relevé & excellent : il mûrit vers la fin de Juillet.

C. maj. hort. fructu cordato majore saturè rubro, carne durâ sapidissimâ.

LE BIGARREAUTIER *à gros fruit blanc.* Son fruit qui n'est qu'en partie blanc & en partie d'un rouge tendre, n'a pas le goût aussi relevé.

C. maj. hort. fructu cordato majore, hinc albo, inde dilute rubro, carne ... pidâ.

LES

LES CERISIERS, *proprement dits à fruits ronds.*

LE CERISIER NAIN *à fruit rond précoce.* C'eſt celui qu'on plante en eſpalier au midi pour avancer encore la maturité de ſon fruit qu'il donne à la fin de Mai ; mais ce fruit a la chair ſèche & l'eau ſure. — Ceraſus pumila fructu rotundo, minimo acido præcociori.

LA ROYALE HATIVE ou *Mai-duke des Anglois.* C'eſt une variété de la Royale de Juillet, dont le fruit auſſi bon mûrit dès la fin de Mai ; ce qui le rend bien préférable à notre ancien Ceriſier-nain précoce. — C. ſat. multifera fr. rot. magno rubro ſubnigricante, ſuaviſſimo.

LE CERISIER-HATIF. A proprement parler, ſon fruit n'eſt hâtif que quand on le cueille lorſqu'il eſt d'un rouge clair vers le commencement de Juin ; alors ſon eau eſt aigre ; mûr, ſa peau eſt d'un rouge foncé, ſon eau douce & agréable ; mais il perd le mérite d'être précoce. — Ceraſus ſativa fructu rotundo medio rubro, acido, præcociori.

LE CERISIER DE HOLLANDE, dit *Coulard.* La fleur de ce Ceriſier eſt en effet très-ſujette à couler ; la chair de ſon fruit eſt fine, ſon eau d'ailleurs eſt douce & très-agréable ; le tems de ſa maturité eſt vers la mi-Juin. — Ceraſus ſativa pauciſera fructu rotundo magno, pulchre rubro, ſuaviſſimo.

LE CERISIER A TROCHET, ou *très-fertile.* La chair de cette Ceriſe eſt délicate, ſon eau aſſez agréable, s'il lui manque tant ſoit peu de douceur, la grande fécondité de l'arbre balance ce défaut. — Ceraſus ſativa multifera, fructu rotundo medio, ſaturé rubro.

LE CERISIER A BOUQUET. Il paroît être une variété du précédent : on ſe plaît à voir les bouquets de trois ou quatre ceriſes & plus qu'il porte ſur une ſeule queue ; mais elles ſont trop acides pour être mangées autrement qu'en compote ou glacées de ſucre ; elles mûriſſent après la mi-Juin. — Ceraſus ſativa fructus rotundos acidos uno pediculo plures ferens.

LE CERISIER *commun à fruit rond.* Il y a un — Ceraſus vul-

B

garis fructu rotundo.
grand nombre de variétés de cette espèce ; la meilleure est celle qui se propage aux environs de Paris ; ce fruit est beau, sa chair blanche, l'eau dont il abonde est un peu aigre, même dans sa maturité : elle mûrit vers la fin de Juin.

Cer. vulgaris fructu rotundo, nucleo fragili.
LE CERISIER à noyaux tendres. Cette Cerise est assez bonne pour une commune ; son noyau est proprement ligneux, mais fort mince & facile à rompre.

Cerasus sativa, fructu rotundo majore, dilutius rubro, gratissimi saporis vix aciduli.
LE CERISIER à gros fruit rouge pâle, ou Cerisier de Vilennes. Sa chair transparente est très-succulente, son eau est abondante, très-agréable, relevée d'un aigrelet à peine sensible. Cette Cerise qui mûrit à la fin de Juin est une des plus excellentes à manger crue : elle est préférable à toutes les autres pour confire, étant non-seulement grosse, très-charnue & très-douce, mais d'une couleur claire qui rend les confitures très-délicates & agréables à la vue ; elle est encore assez rare aux environs de Paris.

C. sat. multifera, fr. subcordato, magno, e rubro nigricante, suavissimo.
LA CERISE-GUIGNE, ainsi nommée, parce qu'elle tient en effet de la Cerise & de la Guigne, a l'eau douce d'un goût agréable, mais peu relevé, cette cerise mûrit à la fin de Juin : l'arbre en est très-abondant.

Cerasus sativa fructu rotundo maximo, e rubro nigricante, sapidissimo.
LE GRIOTTIER DE PORTUGAL. Cette Griotte mûrit dans le commencement de Juillet : elle est regardée comme la plus grosse & la meilleure de toutes les Cerises ; sa couleur est d'un rouge noir ; sa chair ferme, son eau rouge, abondante, est sans acide & relevée d'une petite amertume agréable : quelques-uns la nomment la Griotte Royale, l'Archiduc, la Royale de Hollande, la Cerise de Portugal.

Cerasus sativa multifera, fructu rotundo, magno,
LE CERISIER D'ANGLETERRE. Chery-duke, ou Cerise Royale des Anglois. Ce Cerisier produit abondamment & devient fort à la mode : son fruit gros

eſt d'un rouge noir; ſa chair ferme, ſon eau très-douce ſans acide : il mûrit au commencement de Juillet.

e rubro ſubnigricante, ſuaviſſimo.

LE GRIOTTIER. La Griotte ordinaire eſt noire, très-douce & fort agréable : elle mûrit au commencement de Juillet. Il y en a une de moindre valeur, & qui eſt plus tardive.

Ceraſus ſativa fructu rotundo, magno, nigro, ſuaviſſimo.

LE CERISIER de *Montmorency ordinaire.* Sa chair eſt fine; ſon eau n'a d'acidité que pour la rendre agréable & en relever le goût : cette Ceriſe, moins groſſe que la ſuivante, mûrit au commencement de Juillet.

Ceraſus ſativa fructu rotundo, magno, rubro, gratè acidulo.

LE CERISIER de *Montmorency à gros fruit*, *le gros Gobet*, *le Gobet à courte-queue.* C'eſt ainſi qu'on nomme cette Ceriſe; elle a la chair fine; ſon eau eſt abondante & très-agréable; c'eſt la Ceriſe à confire qui n'eſt pas moins excellente à manger crue; elle mûrit vers la mi-Juillet.

Cer. ſativa fructu rotundo majore acutè & ſplendidè rubro, brevi pediculo.

LE CERISIER *à fruit ambré*, dit *à fruit blanc.* Ce fruit très-peu commun eſt excellent; il abonde d'une eau ſucrée & fort douce ſans fadeur; il mûrit vers la mi-Juillet. Il y en a une autre plus ambrée, mais fort inférieure en bonté.

Ceraſus ſativa fructu rotundo magno, partim rubello, partim ſuccineo colore.

LE GRIOTTIER D'ALLEMAGNE, connu ſous les noms de *groſſe Ceriſe de M. le Comte de Sainte-Maure*, ou *Griotte de Chaux.* Sa chair rouge eſt abondante en eau, peut-être un peu trop relevée d'acide; elle mûrit à la mi-Juillet : l'arbre eſt petit & délicat.

Ceraſus ſativa fructu ſubrotundo, magno, e rubro nigricante, acido.

LE CERISIER *à petit fruit noir.* C'eſt la *groſſe Ceriſe à ratafia* qui mûrit en Août; elle eſt peu propre à manger crue; mais ſa couleur, ſa petite amertume & même ſon âcreté la rendent très-bonne pour les ratafia & le vin de Ceriſe.

Ceraſus vulgaris fructu rotundo, parvo, atro-rubente, ſubacri & ſubamaro, ſetotino.

CERISIER à très-petit fruit noir. C'est la petite Cerise à ratafia. Variété de la précédente, moins grosse, plus âcre & plus amère, ce qui la lui fait préférer encore.

LE CERISIER de la Toussaint ou de la Saint-Martin, ou Cerisier tardif. Cet arbre plus curieux qu'utile, rapporte des fruits fort acides, dont il est vrai que les derniers ne mûrissent qu'en novembre, lorsqu'il est en espalier au nord, ce qui vient de ce que ses branches à fruit ne cessent pendant tout l'été de faire de nouvelles productions ; en sorte qu'on y voit en même tems des boutons de fleurs, des fleurs épanouies, des fruits qui nouent, d'autres verts, d'autres qui commencent à rougir, & d'autres qui sont mûrs.

LE CERISIER à fleur semi-double. Il ne mérite d'être cultivé que pour sa fleur ; son fruit qui noue rarement est de moyenne grosseur, d'un rouge clair, peu charnu & fort acide.

LE CERISIER à fleur double. Quoiqu'il ne rende point du tout de fruit, sa fleur plus double le rend préférable au précédent.

LES PRUNIERS.

LA PRUNE jaune hâtive, ou Prune de Catalogne. Elle est petite ; sa chair est molasse & un peu grossiere, mais son eau est sucrée, quelquefois un peu musquée ; on fait de bonnes compotes de ce fruit : exposé en espalier, il mûrit au commencement de Juillet, & en plein vent vers le milieu de ce mois.

LA PRÉCOCE DE TOURS. Celle-ci est noire, pareillement ovale ; son eau est agréable & assez abondante, ayant un peu de parfum; cette Prune mûrit avant la mi-Juillet. / to, nigro, præcoci.

LE *MONSIEUR HATIF*. C'est une variété du Monsieur de la fin de Juillet, dont il diffère peu, sinon par sa maturité; celui-ci précédant l'autre de quinze jours; il est moins rond & d'une couleur plus foncée. / Prunus fructu magno subrotundo, saturè violaceo, præcoci.

LA *GROSSE NOIRE HATIVE*, dite *Noire de Montreuil*. On confond quelquefois à tort cette Prune avec le gros Damas de Tours. Sa chair est ferme, assez fine; son eau est agréable, relevée de parfum; elle est plutôt violette que noire: le tems de sa maturité est à la mi-Juillet. / Prunus fructu medio, longo, pulchrè violaceo, præcoci.

LE *GROS DAMAS DE TOURS*. Ce fruit est de moyenne grosseur, de forme allongée, de couleur violette foncée; sa chair est ferme & fine; son eau sucrée tient du parfum des bons Damas; la peau est adhérente à la chair, & y donne un peu d'aigreur; le noyau y tient aussi; cette Prune mûrit au tems de la précédente. / Prunus fructu medio, longulo, saturè violaceo.

LA *PRUNE DE MONSIEUR*. L'arbre produit beaucoup de fruit dont la chair est fine & fondante, ayant acquis sa parfaite maturité; si le Prunier n'est pas dans une terre chaude & légere, l'eau en est un peu fade: cette Prune grosse, ronde & d'un beau violet, mûrit à la fin de Juillet. / Prunus fructu magno, globoso, pulchrè violaceo.

LA *ROYALE DE TOURS*. Elle est grosse, applatie, en partie rouge & en partie violette; sa chair est fine & très-bonne; son eau abondante, sucrée & relevée; ce fruit est excellent, quand on ne lui laisse pas acquérir sur l'arbre sa parfaite maturité. / Prunus fructu magno, subrotundo, compresso, hinc violaceo, indè rubello.

LA *DIAPRÉE VIOLETTE*. Cet arbre est fertile, la chair de son fruit est ferme & délicate; son eau est sucrée & agréable: cette Prune mûrit au commence- / Prunus fructu medio, longiori violaceo.

ment d'Août ; elle eſt très-charnue & fort bonne, de forme allongée & de moyenne groſſeur.

Prunus fructu medio, ovato, hinc ſaturé, inde pallide rubro.

LE DAMAS ROUGE. Il eſt aſſez gros, de forme ovale ; ſa couleur eſt rouge foncé en deſſus & rouge pâle en-deſſous ; ſa chair fine eſt fondante, point molaſſe ; ſon eau eſt ſucrée, ſon noyau quitte la chair ; mais ce fruit qui mûrit à la mi-Août, eſt un peu ſujet à être vereux, & l'arbre en rapporte peu.

Prunus fructu parvo, undique compreſſo, ſaturatiùs violaceo.

LE DAMAS MUSQUÉ. Sa chair eſt ferme ; ſon eau abondante eſt d'un goût relevé & muſqué ; ſon noyau quitte la chair. Cette Prune nommée encore *Prune de Chypre* ou *de Malthe*, mûrit au tems de la précédente : elle eſt petite, comprimée de tous côtés, & d'un violet foncé.

Prunus fructu magno, ſubrotundo-compreſſo, dilute violaceo.

LA PRUNE ROYALE. Elle eſt groſſe, de forme ronde, applatie : ſa peau eſt colorée d'un violet gai, & ſa chair d'un vert clair & tranſparent ; elle eſt ferme & fine, ſon eau a un goût très-relevé tenant de celui des Perdrigons, le noyau ne tient point à la chair ; dans ſa maturité elle ſuit la précédente.

Prunus fructu parvo (vel minimo) rotundo oblongo, ſuccineo colore.

LA MIRABELLE. Cet arbre donne beaucoup de fruit par bouquet, dont la chair eſt ferme & un peu ſeche, ſi elle n'eſt bien mûre ; ſon eau eſt ſucrée, ſon noyau qui eſt tendre ne tient point à la chair : cette Prune mûrit vers la mi-Août ; elle eſt aſſez bonne crûe, mais ſur-tout, quoique très-petite, fort eſtimée pour les confitures & les compotes, prenant un parfum délicieux dans le ſucre ; on en fait auſſi de jolis pruneaux ; la petite Mirabelle eſt un peu plus jaune, plus hâtive, mais plus ſeche.

Prunus fructu parvo, rotundo, flavo, maculis rubris conſperſo.

LE DRAP D'OR, ou *la Mirabelle double*. Sa chair eſt fondante & très-délicate, ſon eau eſt fort ſucrée & d'un goût très-fin ; ſon noyau quitte la chair : cette Prune tranſparente mûrit vers la mi-Août ; elle est mouchetée de taches rouges & plus ronde que la Mirabelle.

L'Impériale violette. Elle est ovale & grosse, sa chair ferme, un peu séche & transparente, son eau est sucrée & relevée, son noyau pointu n'est point adhérent à la chair ; cette Prune mûrit vers le vingt d'Août. *Prunus fructu magno, ovato, dilute-violaceo.*

Le Damas violet. Ce fruit, au nombre des bons, mûrit à la fin d'Août ; sa chair est ferme, son eau sucrée ayant un peu d'aigre ; le noyau tient à la chair par un point sur le côté. *Prunus fructu medio, longo, violaceo.*

Le Damas-Dronet. Cette petite Prune est allongée, d'un vert blond ; sa chair est transparente, ferme & fine, son eau sucrée, d'un goût agréable ; elle est excellente & mûrit à la fin d'Août. *Prunus fructu parvo, longo, e viridi flavescente.*

Le Damas d'Italie. L'arbre est fertile ; l'eau de son fruit est sucrée & de fort bon goût, son noyau tient peu à la chair ; c'est une très-bonne prune, de moyenne grosseur, de forme presque ronde & colorée d'un beau violet ; elle mûrit à la fin d'Août. *Prunus fructu medio, prope rotundo, dilute violaceo.*

Le Damas de Maugerou. Cet arbre donne beaucoup de fruits presque ronds & gros, dont la chair & ferme, l'eau sucré & agréable ; le noyau quitte la chair, cette Prune est excellente, mais un peu sujette aux vers ; sa couleur est un beau violet mouchetée de points roux ; elle mûrit au tems de la précédente. *Prunus fructu magno prope rotundo, dilute violaceo, punctis fulvis distincto.*

Le Damas noir tardif. L'eau de ce fruit est abondante & agréable, quoiqu'elle ait un peu d'aigreur ; son noyau ne tient point à la chair ; cette prune mûrit à la fin d'Août ; elle est longuette. *Prunus fructu parvo, longulo, nigricante.*

Le Perdrigon violet. Il faut mettre cet arbre *Prunus fructu medio lon-*

B iv

en espalier, parce qu'il noue difficilement en plein vent ; son fruit de forme allongée, a la peau d'un violet rougeâtre, piquetée de points jaunes ; sa chair est fine & délicate, son eau fort sucrée ; d'un goût très-relevé & d'un parfum qui lui est propre ; son noyau est adhérent à la chair ; c'est en quoi il diffère le plus du précédent & par sa couleur.

Prunus fructu medio, oblongo, hinc sature, inde dilute violaceo, punctis fulvis consperso.

LE PERDRIGON NORMAND. Ce Prunier est vigoureux ; mais ses fleurs sont un peu sujettes à couler ; ses fruits sont de moyenne grosseur, de forme un peu allongée & colorés d'un violet charmant d'un côté & d'un violet brun de l'autre ; toute leur surface est mouchetée de taches jaunes : ils ont la chair ferme, fine & délicate, sont abondants en eau douce & relevée : ces Prunes sont au rang des bons fruits.

Prunus fructu magno, paululum compresso, viridi, notis cinereis & rubris consperso.

LA DAUPHINE, ou *grosse Reine-Claude*, nommée aussi *Verte-bonne* & *Abricot vert*. L'arbre est fertile & vigoureux ; on sait que la Reine-Claude est grosse, ronde, un peu applatie, verte dehors & dedans, marquée de taches cendrées & de taches rouges ; la chair de ce fruit est très-fine, délicate & fondante, sans être mollasse ; son eau est abondante, sucrée & d'un goût excellent ; son noyau tient à la chair par l'arrête & par un petit endroit sur chaque côté de son plat : cette Prune mûrit au tems des dernières précédentes ; elle passe à bon droit pour la meilleure des Prunes, pour être mangée crue ; on en fait de bonnes compotes & de belles confitures.

Prunus fructu magno, longiori, dilute violaceo.

LA PRUNE JACINTE. Le fruit de cet arbre plein de vigueur est d'un violet clair, de forme allongée ; sa chair est ferme sans être sèche, son eau est assez relevée & un peu aigrelette ; le noyau tient à la chair par quelques endroits sur le côté.

Prunus fructu quàm ma-

L'IMPÉRIALE BLANCHE. Ce Prunier produit peu de fruit & qui n'a pour partage que la beauté ; la prune eſt preſque de la groſſeur & de la forme d'un œuf de Dinde, & ſeulement propre à faire des compotes, avec beaucoup de ſucre, ſon eau étant aigre & déſagréable. *ximo, ovato, albo.*

LA PETITE REINE-CLAUDE. Elle mûrit au commencement de Septembre, & quoiqu'inférieure à la Dauphine, elle eſt au rang des bonnes Prunes; ſon arbre donne auſſi beaucoup de fruit, qui n'eſt pas auſſi gros, & de couleur plus pâle, dont l'eau eſt ſucrée, mais moins relevée que celle de la Dauphine ou belle Reine-Claude; ſa chair eſt ferme & un peu ſéche, ſouvent aſſez fondante, mais un peu groſſiere, & quelquefois un peu pâteuſe. *Prunus fructu medio, totudo-compreſſo, e viridi albido.*

LE PRUNIER à *fleur ſemi-double.* Cet arbre eſt une variété de la Dauphine; il produit moins de fruit, il mérite plus d'être cultivé pour ſa fleur que pour ſon fruit qui eſt de moyenne groſſeur & dont la chair eſt plus groſſière que celle de la petite Reine-Claude; ſon eau devient très-fade dans ſon extrême maturité. Son noyau tient à la chair. *Prunus flore ſemi-duplici.*

LE PETIT DAMAS BLANC. Ce blanc n'eſt qu'un jaune verdâtre; ſa forme eſt aſſez ronde, la chair de ce fruit eſt ſucculente, ſon eau eſt aſſez abondante & agréable, quoiqu'ayant un petit goût de Sauvageon; ſon noyau n'eſt point adhérent à la chair. *Prunus fructu parvo, ſubtotundo, e viridi cereo.*

LE GROS DAMAS BLANC. La chair de ce fruit tient de celle du petit Damas; ſon eau eſt plus douce & meilleure, ſa forme eſt allongée. *Prunus fructu medio, oblongo, e viridi cereo.*

LE PERDRIGON BLANC. Ce Prunier, ſujet à couler, convient en eſpalier; la chair de ſon fruit eſt tranſparente, fine & fondante quoique ferme; ſon eau a un parfum qui lui eſt propre; elle eſt ſi ſucrée que le fruit étant mûr paroît au goût comme confit, ſon noyau quitte la chair; le Perdrigon blanc eſt *Prunus fructu parvo, ovoïdali, e viridi albido, maculis rubris ad ſolem diſtincto.*

petit & ovoïde , sa couleur est un blanc-verdâtre dans lequel le soleil découvre des taches rougeâtres. De cette excellente Prune bonne crue & confite, on fait des pruneaux séchés au soleil qu'on nomme Brugnoles ; les meilleurs venants d'un village de Provence ainsi nommé : elle mûrit comme les précédentes au commencement de Septembre.

Prunus fructu magno , rotundo compresso , hinc e viridi albido , inde non nihil rubente.

LA PRUNE ABRICOTÉE. Sa chair ferme est abondante en eau quand le fruit est bien mûr, elle est sucrée & musquée, son noyau ne tient point à la chair ; cette Prune, qui est fort bonne, est de forme ronde , applatie , de couleur vert-pâle avec un soupçon de rouge.

La *Prune-Abricot* est plus rouge que celle-ci, sa peau est plus jaune tiquetée de rouge, sa chair est aussi plus jaune & plus séche.

Prunus fructu parvo , ovato longo , e viridi albido.

LA DIAPRÉE BLANCHE. Elle est plus petite que la rouge , de forme ovale , allongée , de couleur verte pâle , son eau très-sucrée & d'un goût relevé très fin, sur-tout si l'arbre est en espalier.

Prunus fructu médio , longiori cerasi colore , punctis fuscato.

LA DIAPRÉE ROUGE , ou *Roche-Corbon.* Cette Prune de moyenne grosseur & allongée est en effet couleur de Cerise diaprée de roussâtre ; elle a la chair ferme & fine , son eau est abondante , d'un goût relevé & très-sucré ; son noyau quitte la chair.

Prunus fructu medio , oblongo , compresso , luteolo.

L'IMPÉRATRICE BLANCHE. La chair de cette Prune est ferme, son eau est sucrée & agréable ; son noyau quitte bien la chair ; elle est charnue & bonne , jaunette , de moyenne grosseur & applatie sur sa longueur.

Prunus fructu quàm maximo , ovato luteo.

LA DAME-AUBERT , ou *Grosse luisante.* Elle n'est propre qu'en compôtes en prévenant son extrême maturité ; ce fruit est jaune , ovale & prodigieusement gros.

L'ILE VERTE, ou *ILEVERT*. Sa chair est grosfiere & molasse, son eau est aigre, cependant sucrée, mais ayant un goût de sauvageon qui n'est pas agréable; cette Prune qui est grosse & très-allongée, n'est bonne qu'en compottes & en confitures. *Prunus fructu magno, longissimo viridi.*

Le PERDRIGON ROUGE. L'arbre est fertile, le fruit est petit, ovoïde, d'un beau rouge, couvert de points jaunes; sa chair est fine & ferme, son eau abondante, sucrée & relevée; ce fruit est excellent, son noyau se détache aisément. *Prunus fructu parvo, ovoidali, pulchre rubro, punctis fulvis consperso.*

La SAINTE-CATHERINE. Elle est de forme longue & de couleur de cire, délicate étant bien mûre; son eau est sucrée, fort agréable; son noyau ne tient nullement à la chair; cette Prune est excellente & mûrit à la mi-Septembre. *Prunus fructu medio, oblongo, cereo.*

La PRUNE DE CHIPRE. Sa chair est ferme, son eau est assez abondante & sucrée, elle a un peu d'aigreur & un goût de sauvageon; ce fruit est néanmoins bon dans son extrème maturité; son noyau tient peu à la chair; cette Prune ronde est fort grosse & d'un violet clair. *Prunus fructu maximo, rotundo, dilute violaceo.*

La PRUNE SUISSE. L'arbre est fertile, la chair de son fruit est peu ferme, son eau est abondante, très-sucrée, d'un goût relevé & agréable; son noyau est adhérent par quelques endroits: cette Prune dure tout le mois de Septembre; elle est de grosseur médiocre, bien ronde & d'un beau violet. *Prunus fructu medio, globoso, pulchre violaceo, serotino.*

La BRICETTE. Cette petite Prune se termine en pointe aux deux extrêmités, ayant le côté de la tête plus allongé que celui de la queue; sa peau est d'un vert jaunâtre, sa chair ferme, son eau assez abondante, un peu aigrelette; son noyau ne tient point à la chair: cette Prune dure longtems, car dans certaines années les premieres mûrissent au commen- *Prunus fructu parvo, longioti, utrinque acuto, e viridi luteo.*

cement de Septembre, & les dernieres à la fin d'Octobre.

Prunus fructu parvo, oblongo, fature violaceo, ferotino.	**LE DAMAS DE SEPTEMBRE**, ou *Prune de Vacance*. Ce prunier manque peu de donner du fruit, il est petit, allongé & d'un violet foncé ; la chair en est cassante, aqueuse dans les automnes chauds ; son eau est d'un goût relevé, agréable sans aigreur : le noyau de cette Prune quitte la chair, elle mûrit à la fin de Septembre.
Prunus fructu medio, longiori, utrinque acuto, pulchre violaceo, ferotino.	**L'IMPÉRATRICE VIOLETTE**. Sa chair est ferme & délicate, son eau est douce, peu relevée. Cette Prune mûrit en Octobre ; elle est de grosseur médiocre & pointue par les deux bouts.

LES ABRICOTIERS.

Armeniaca fructu parvo, rotundo, partim rubro, partim flavo præcoci.	**L'ABRICOT PRÉCOCE**, ou *Abricot hâtif musqué*. La chair de cet Abricot quitte le noyau, son eau est abondante ; on croit y trouver un petit goût de musc ; sa peau jaune se colore d'un peu de rouge : il mûrit au commencement de Juillet.
Armeniaca fructu parvo, rotundo, albido, præcoci.	**L'ABRICOT BLANC**, dit *Abricot-Pêche*. Ce fruit, qui mûrit à-peu-près au tems du précédent, a la chair fine & délicate, adhérente au noyau ; son eau est abondante, douce, peu relevée, ayant un petit goût de Pêche.
Armeniaca vulgaris fructu majori.	**L'ABRICOT COMMUN**. La chair de ce fruit est un peu pâteuse, & son eau peu relevée : il mûrit vers la mi-Juillet.
Armeniaca fructu parvo, oblongo nucleo dulci.	**L'ABRICOT ANGOUMOIS**. Il est petit, de forme allongée ; sa chair est rougeâtre, assez fondante ; son eau est vineuse, d'un goût relevé & fort agréable ;

fon noyau quitte la chair, l'amande eſt agréable à
manger, on y trouve un petit goût d'aveline nouvelle : il mûrit vers la mi-Juillet.

L'ABRICOT DE HOLLANDE, nommé auſſi *Amande-*
Aveline. Cet Abricot, qui eſt un des meilleurs, mûrit
vers la fin de Juillet, ſa chair eſt fine, ſon eau eſt
d'un goût relevé & excellente, ſon amande douce a
un goût d'Aveline & un arrière-goût d'Amande douce
très-agréable.

> Armeniaca fructu parvo, rotundo nucleo dulci amygdalinum ſimul & avellaneum ſaporem referente.

L'ABRICOT DE PROVENCE. Ce fruit eſt petit &
de forme applatie, on y trouve une eau vineuſe d'un
goût fin & relevé, ſon noyau contient une amande
douce : il mûrit à la mi-Juillet.

> Armeniaca fructu parvo, compreſſo, nucleo dulci.

L'ABRICOT DE PORTUGAL. Sa chair eſt fine &
délicate, un peu adhérente au noyau ; ſon eau eſt
abondante, d'un goût relevé ; ce fruit, qui paſſe pour
un des meilleurs, mûrit vers la mi-Août ; il eſt jaune
& bien coloré de rouge.

> Armeniaca fructu parvo, rotundo, hinc flavo, inde rubeſcente.

L'ABRICOT VIOLET. Il n'a qu'en partie cette couleur ; le deſſous du fruit eſt d'un jaune rougeâtre ;
mais ſa chair imite celle du melon à chair rouge ; ſon
eau ſucrée & aſſez relevée n'eſt point abondante ; ſon
noyau adhérent à la chair contient une amande fort
douce : ce fruit, toutes fois plus curieux que bon,
mûrit au commencement d'Août. L'Abricot noir paroît en être une variété.

> Armeniaca fructu parvo, compreſſo, hinc violaceo, inde flavo rubeſcente, nucleo dulci.

L'ABRICOT-ALBERGE. Cet Abricot eſt applati, d'un
jaune rouſſâtre d'un côté & verdâtre de l'autre ; ſa
chair, qui eſt teinte de rouge, eſt tendre, preſque
fondante, d'un goût vineux, relevé, mêlé d'un peu
d'amertume qui n'eſt pas déſagréable : ſa maturité eſt
à la mi-Août.

> Armeniaca fructu parvo, compreſſo, e flavo hinc non nihil rubeſcente, inde vireſcente.

L'ABRICOT DE NANCI. La chair de ce fruit très-

> Armeniaca

fructu maxi-
mo, compref-
ſo , hinc fla-
vo , iude ru-
beſcente.

fondante ne devient ni ſèche , ni pâteuſe dans ſon extrême mâturité ; ſon eau eſt abondante , d'un goût relevé , très-agréable & particulier à cet abricot : cet excellent & beau fruit mûrit à la mi-Août ; il eſt nommé par quelques-uns *Abricot-Pêche*. Il eſt très gros , un peu plat , d'un jaune foncé & rougit du côté du ſoleil.

LES NEFLIERS.

Meſpilus ger-
manica folio
laurino non
ſerrato.

LE NEFLIER DES BOIS ne ſe tranſplante dans les jardins que pour recevoir les greffes de Poiriers & d'autres arbres de ſa famille. Son fruit eſt cependant meilleur que la groſſe Nèfle.

Meſpilus fo-
lio laurino,
fructu ſine of-
ſiculis.

LE NEFLIER SANS NOYAU. Ses fruits que la culture rend un peu plus gros que les Nèfles des bois , ſont préférables à tous ceux de cette eſpèce , étant délicats , prompts à mollir entiérement & ſans noyaux.

Meſpilus fo-
lio laurino
major.

LE NEFLIER CULTIVE' A GROS FRUIT NOIR eſt beaucoup plus grand que les deux précédens. Si ſon fruit a l'avantage de la groſſeur , il n'a pas celui de la bonté ; l'art eſt néceſſaire pour le faire mollir.

LES POIRIERS.

Pyrus fructu
parvo , pyri-
formi , gla-
bro , citrino ,
præcoci.

L'AMIRE'E JOANNET. Sa chair eſt tendre , ſon eau abondante eſt un peu relevée ; cette Poire mûrit à la fin de Juin ; elle eſt petite , bien faite , liſſe & de couleur citrine.

Pyrus fructu
minimo , præ-
coci.

LE PETIT MUSCAT , dit *Sept-en-gueule*. L'arbre ſe plaît en plein vent dans un terrein ſec ; ce petit fruit mûrit au commencement de Juillet ; il eſt eſtimé à cauſe de ſa primeur ; ſa chair demi-beurrée n'eſt

pas bien fine , fon eau eft d'un goût relevé & muf-
qué fort agréable.

L'Aurate. Cette Poire petite & faite en courge
eft d'un beau jaune, teint de rouge en partie ; fa
chair demi-beurrée eft un peu fèche ; fon pepin eft
au milieu de quelques pierres ; fon eau eft un peu
relevée : elle mûrit en Juillet.

Pyrus fructu parvo, cucurbitato, hinc luteo, inde dilute rubro , æftivo.

Le Muscat Robert, autrement *Poire à la Reine*,
ou *Poire d'ambre*. Sa peau eft liffe, d'un vert blond :
fa chair eft tendre, fine, fondante, prefque fans
marc, abondante en eau fucrée & d'un goût bien relevé : cette Poire mûrit à la mi-Juillet.

Pyrus fructu medio, pyriformi , glabro, e viridi flavefcente æftivo.

Le Muscat fleuri. Cette Poire eft fort petite,
plus platte que ronde ; fa peau eft liffe, d'un vert
blond & qui prend du rouge au foleil ; fa chair demi-
beurrée laiffe du marc dans la bouche ; fon eau peu
relevée eft un peu mufquée : elle mûrit après la mi-
Juillet.

Pyrus fructu minimo, globofo , compreffo , glabro, partim e viridi lutefcente, partim rubefcente , æftivo.

La Madelaine, dite *Citron des Carmes*. Elle eft
affez groffe & d'un vert jaune ou citron ; fa chair
eft fine, fondante & fans pierres ; elle abonde en eau
douce d'un aigrelet fin & d'un parfum qui la rend
agréable : elle mûrit au mois de Juillet, & mollit en
peu de tems.

Pyrus fructu medio, turbinato, e viridi æftivo.

La Poire de Hastivau. La chair de cette Poire
eft demi-beurrée, laiffe du marc dans la bouche ; ce
fruit mûrit vers la mi-Juillet : il eft joli, mais pas
excellent ; très-petit, en toupie applatie, liffe & de
couleur jaune.

Pyrus fructu minimo, turbinato, compreffo , glabro , luteo, æftivo.

Le Rousselet hatif, ou *la Poire de Chypre*. Il
fe trouve fouvent du fable autour des pepins ; fa
chair eft demi-caffante ; fon eau eft très-parfumée &
fucrée ; fon rouge n'eft pas des plus foncés, & fon
vert eft fort blond,

Pyrus fructu parvo , pyriformi , hinc intente rubro, inde flavo ; æftivo.

Pyrus fructu medio, longissimo, splendente partim e viridi flavescente, partim sub-obscure rubro, æstivo.

LA *Cuisse-Madame*. Elle abonde en eau sucrée & un peu musquée, sa chair est demi-beurée : cette Poire mûrit à la fin de Juillet : elle est de médiocre grosseur, extraordinairement alongée, & sa peau lustrée est en partie d'un vert blond, en partie d'un rouge brun.

P. fr. parvo, pyriformi, glabro, partim ex albido flavescente, partim dilutiùs rubro, æstivo.

LE GROS *Blanquet*, ou *la Blanquette* est cependant encore petite, mais bien faite ; elle a la peau mi-partie d'un blanc blond & d'un beau rouge, la chair cassante, l'eau sucrée & relevée ; elle mûrit à la fin de Juillet.

P. f. parvo, turbinato, glabro, partim ex albido flavescente, partim dilute rubro æstivo.

LE GROS *Blanquet rond*. Cette Poire n'est pas plus grosse que l'autre, sa forme est plus en toupie ; elle a les mêmes couleurs, sa chair est assez délicate ; son eau a un parfum agréable.

Pyrus fructu medio, longissimo subviridi, maculis fulvis distincto, æstivo.

L'*Epargne*, ou *Beau présent*, ou *Poire de Saint-Samson*. La chair de cette Poire est fondante, son eau est relevée, d'un aigrelet fin très-agréable ; elle mûrit au commencement d'Août : sa grosseur est médiocre, sa forme très-alongée, sa couleur d'un vert pâle, tachetée de marques roussâtres.

Pyrus fructu medio, turbinato, lucido, partim flavo, partim intente rubro, æstivo.

L'*Ognonet*, *Archiduc d'Eté*, ou *Amiré roux*. Cette Poire, comme son nom le porte, est plus applatie qu'une Pomme : elle a la peau luisante, jaune & rouge, sa chair est demi-cassante, quelquefois pierreuse ; son eau est relevée d'un goût rosat : elle mûrit en Juillet & Août.

Pyrus fructu parvo, pyriformi, subflavescente, æstivo.

LA *Poire de Sapin* est petite, bien faite & assez blonde ; sa chair est un peu grossière ; son eau est assez relevée & parfumée.

P. fructu medio, umbilico compresso, & quasi gemino, æstivo.

LA *Poire a deux tetes* est de moyenne grosseur & ronde ; son ombilic serré qui semble être double, lui a fait donner ce nom ; elle est commune, mais peu délicate ; son eau est abondante & un peu parfumée.

L A

LA BELLISSIME d'ETÉ, ou *Suprême*. Cette Poire petite, mais bien faite, est d'un côté d'un brun rouge foncé, citrine de l'autre, rayée de lanieres rougeâtres; sa chair est demi-beurrée; le point de sa maturité passé, elle ne tarde pas à mollir, ou à devenir cotonneuse: quoique son eau soit peu relevée, elle est douce & fort agréable.

P. fr. parvo, ferè pyriformi, hinc pulchrè & saturè rubro, indè citrino, tæniolis rubellis virgato, æstivo.

LE BOURDON MUSQUÉ est petit; il a la forme d'une orange, & sa couleur est un vert gai; sa chair est blanche, grossière & cassante; elle est abondante en eau sucrée & musquée.

Pyrus fructu parvo, aurantii formâ, subrotundo, dilutè viridi, æstivo.

LE BLANQUET à *longue queue*. Sa chair est demi-cassante, blanche & fine; son eau abondante, sucrée, relevée d'un parfum agréable. Cette Poire lisse & blanche est petite & fort alongée du côté de la queue.

P. fr. parvo, pyriformi acuto, glabro, albido, æstivo.

LE PETIT BLANQUET, ou *Poire à la Perle*. Elle en a la forme, la couleur, & est extrêmement petite; sa chair est blanche, fine, demi-cassante, son eau fort agréable.

P. f. minimo, Elenchi formâ, glabro, ex albido flavescente, æstivo.

LE GROS HASTIVAU de la *Forêt*. C'est une petite Poire qui a la chair ferme, même un peu sèche; elle mûrit vers la mi-Août; sa peau est de trois couleurs, vert blond, rouge vif & rouge foncé.

P. f. parvo, turbinato, glabro, hinc viridi subflavescente, inde saturè & splendidè rubro, æstivo.

LA POIRE D'ANGE. Elle est petite, formée en toupie, elle a la peau jaunâtre, la chair fine, demi-cassante; son eau est bien musquée.

P. fr. parvo turbinato, e viridi subflavescente, æstivo.

LA POIRE SANS PEAU, ou *Fleur de Guignes*. Sa chair est fondante & aqueuse; son eau très-bonne, douce & parfumée. Elle est de moyenne grosseur, bien faite, un peu alongée, de deux couleurs vert pâle & blond, marquée de taches sanguines peu sensibles.

P. f. medio, pyriformi longo, partim pallidè viridi, partim flavo, maculis sanguineis evanidis consperso, æstivo.

C

P. f. parvo, fere pyriformi obtuso, hinc citrino, inde fature rubro, æftivo.

LE PARFUM D'AOUST. Sa couleur eft un jaune citron coloré en partie d'un rouge foncé; fa chair eft un peu groffiere; mais fon eau eft abondante & bien mufquée.

P. f. medio, pytiformi, melino, inde dilutiùs rubente, æftivo.

LA CHAIR A DAME, fuivant d'autres, Chere Adame. Cette Poire bien faite & de moyenne groffeur eft en deffus d'un rouge clair, & d'un jaune rouge en deffous; fa chair eft demi-caffante, affez fine, fon eau douce, relevée d'un petit parfum agréable.

P. fr. medio, turbinato-truncato, glabro part. e viridi flavefcente, part. intenfe & fplendide rubro, æftivo.

LE FIN OR D'ETÉ. Elle eft médiocre, faite en toupie tronquée; fa peau liffe eft d'un vert blond en deffous, & par deffus d'un rouge foncé, mais brillant; fa chair eft fine, demi-beurrée; fon eau n'eft pas défagréable.

P. f. magno, fubrotundo, compreffo, partim e viridi flavefcente, partim dilute rofeo, æftivo.

L'EPINE-ROSE, ou Poire de Rofe. Sa chair eft tendre & demi-fondante, fon eau mufquée & fucrée; elle eft groffe, ronde, un peu applatie, d'un vert blond & teinte de rofe.

P. fr. medio, rotundo, cerino, maculis rufis diftincto, æftivo.

LE SALVIATI. Cette Poire eft moyenne, ronde, d'un jaune de cire tacheté de roux; fa chair excellente eft demi-beurrée & fans marc; fon eau eft fucrée & d'un parfum agréable.

P. fr. medio, aurantii formâ, paululùm compreffo, papulato, viridi, æftivo.

LA POIRE D'ORANGE MUSQUÉE. C'eft par fa forme & fa peau grainue qu'elle tient de l'Orange; fa couleur eft verte, fa chair eft caffante; elle devient cottonneufe, fi elle n'eft cueillie un peu verte; fon eau eft relevée d'un mufc fort agréable : cette Poire mûrit en Août.

P. f. medio, aurantii formâ, partim cinereo, partim infigni rutilo, æftivo.

LA POIRE D'ORANGE ROUGE. Ce rouge eft une couleur rouffe très-vive, mais entrecoupée de cendré. Sa chair demi-caffante fe cotonne aifément. Son eau eft fucrée & un peu parfumée de mufc.

LA ROBINE, ou *Royale d'Eté*. Sa chair est un peu sèche & demi-cassante ; son eau est très-musquée & sucrée ; cette Poire est petite, en forme de toupie applatie, d'un vert blanchâtre.

P. F. parvo, turbinato-compresso ; e viridi subalbido, æstivo.

LA SANGUINOLE. Cette Poire, bien faite & de moyenne grosseur, a la peau lisse & la chair rouge ; elle est plus curieuse que bonne : elle mûrit à la fin d'Août.

Pyr. fr. medio, pyriformi glabro ; carne rubente, æstivo.

LE BON-CHRÉTIEN D'ETE' MUSQUÉ. Il est moins gros que le Gracioli, de la forme d'un Coin dont il prend aussi les couleurs ; sa chair est cassante, son eau sucrée, beaucoup relevée & musquée ; cette Poire mûrit au commencement de Septembre ; c'est un beau & bon fruit, mais qui se crevasse quelquefois avant sa maturité.

P. F. medio, pyramidato, mali cydonii formâ e flavo non nihil rubente ; æstivo.

LE ROY D'ETÉ, ou *Gros Rousselet*. Sa peau est rude ; le vert en est épais ; sa chair demi-cassante est peu fine, son eau est bonne, parfumée & un peu aigrelette.

P. F. medio, pyriformi acuto ; scabro, hinc spissius virente ; indé obscure rubente, æstivo.

LA POIRE D'ŒUF. Elle a la forme d'un œuf, & est à-peu-près de même grosseur ; sa chair est fine, tendre & assez fondante ; son eau est sucrée, douce & agréable au goût.

P. fr. parvo, ovi formâ, æstivo.

LA CASSOLETTE, ou *le Friolet, Muscat vert*, & *Lechefrion*. La chair de cette Poire est fine & cassante, son eau sucrée & musquée ; elle est petite, bien faite, en partie d'un vert blond, & en partie d'un beau rouge.

P. F. parvo, pyriformi ; partim e viridi subflavescente, partim dilute rubente, æstivo.

LA GRISE-BONNE. Cette Poire médiocre est formée en courge ; mais alongée, d'un vert cendré, moucheté de points blanchâtres : sa chair est fondante, un peu beurrée.

P. F. medio, longo-cucurbitato, e viridi cinereo punctis subalbidis distincto, æstivo.

P. fr. parvo, turbinato, ſcabro, e cinereo fulvaſtro, æſtivo.

LE *MUSCAT ROYAL*. Cette petite Poire a la peau rude & brune; ſa chair, ſans être fine, eſt demi-beurrée; ſon eau eſt douce & muſquée.

P. fr. parvo, pyriformi, partim flavo, partim pulchrè rubro æſtivo.

LA *JARGONELLE*. Sa chair eſt fine, demi-caſſante; ſon eau eſt un peu muſquée; elle eſt petite, mais bien faite, blonde & teinte de rouge.

P. f. parvo, pyriformi, partim viridi, partim obſcurè rubente æſtivo.

LE *ROUSSELET DE REIMS* à la forme & la couleur des Rouſſelets, ſa chair demi-beurrée, aſſez fine, eſt excellente; ſon eau a un parfum délicat, un goût agréable & un peu muſqué. Les terres légères conviennent beaucoup à ce Poirier.

P. fr. medio, ferè pyriformi obtuſo, hinc citrino, inde rubello & punctis rubris diſtincto, æſtivo.

LA *POIRE D'AH! MON DIEU*, ou *la Poire d'Amour*. Ses belles couleurs l'ont pû faire ainſi nommer; elle eſt en deſſous d'un beau citron, d'un rouge pâle en deſſus avec des mouchetures plus rouges; elle eſt bien faite, un peu camuſe & de moyenne groſſeur; ſa chair demi-caſſante eſt fine, ſon eau abondante & ſucrée.

P. fr. magno, pyriformi glabro, lætè virente, maculis dilutè rubris diſtincto, æſtivo.

LE *FIN OR DE SEPTEMBRE*. La chair de cette Poire eſt beurrée & fine, ſon eau a un aigrelet agréable; elle eſt plus groſſe & mieux faite que celle d'été, d'un vert gai, moucheté de taches d'un beau rouge.

P. fr. medio, pyriformi, curbitato, glabro lucido, partim lætè virente, partim dilutè rubeſcentè, æſtive.

L'*INCONNUE CHENEAU*. Cette Poire, dite auſſi *Fondante de Breſt*, a la chair fine, caſſante; ſon eau eſt ſucrée & relevée d'un petit aigrelet fin, aſſez agréable: elle eſt bien faite, un peu en bouteille, ſa peau liſſe eſt luiſante, d'un vert gai, teinte en partie d'un beau rouge.

P. fr. medio, pyriformi longo, viridi, versùs pediculum flaveſcente, æſtivo.

L'*EPINE D'ETE'*, ou *Fondante muſquée*. Elle eſt bien faite, alongée, de couleur verte & blonde du côté de la queue; ſa chair eſt fondante, aſſez fine; ſon eau eſt relevée & très-muſquée: c'eſt une bonne Poire; Louis XIV lui en donnoit le nom.

La Poire-Figue. Sa groffeur, fa forme & fa couleur lui font donner ce nom; fa chair fondante eft affez fine; fon eau eft douce & fucrée.

P. fr. medio, pyriformi longiori, glabro, obfcure viridi, æftivo.

Le Bon-Chretien d'Ete', ou *Gracioli*. Sa chair eft tendre, abondante en eau fucrée; elle eft d'un jaune agréable, groffe, fa forme pyrmidale, un peu camufe, avec un petit renflement, plaît auffi.

P. fr. magno, pyramidato-obtufo, paululùm cucurbitato, glabr. flavo, æftivo.

L'Orange Tulipe'e, ou *Poire aux mouches*. Cette Poire d'Orange, qui eft groffe & ovoïde, porte le nom de Tulipée à caufe de fes rayures d'un rouge gai fur un fond en partie vert, en partie rouge foncé; fa chair fucculente eft affez fine; quoique fon eau foit légérement âcre, elle n'eft pas défagréable.

P. fr. magno ovoïdali, partim viridi, partim obfcurè rubro, tænio- lis dilutiùs rubris, virgato, æftivo.

La Bergamotte d'Ete', autrement *le Milan de la Beuvriere*. Sa peau rude eft d'un vert gai, mouchetée de points roux; cette Poire eft groffe, en toupie, fa chair eft demi-beurrée, affez fondante & fujette à cotonner, fi le fruit n'eft cueilli un peu vert; on trouve dans fon eau un aigre-fin agréable.

Pyr. fructu magno., turbinato, fcabro, lætè virente, punctis fulvis diftincto, æftivo.

La Bergamotte rouge, ou *Crafanne d'été*. Elle eft de groffeur au-deffous du médiocre, fa forme en toupie comprimée, la couleur partie jaune & partie rouge; la chair de cette Poire eft affez fondante, elle mollit promptement lorfqu'elle a mûri fur l'arbre; fon eau eft relevée & parfumée: elle eft bonne vers la mi-Septembre, parfaite en compotes.

Pyr. fr. vix medio, turbinato compreffo, hinc flavo, inde rubro, æftivo.

La Verte longue, ou *Mouille-bouche*. La chair de ce fruit eft très-fondante, fine & délicate; fon eau eft abondante, douce, fucrée, d'un goût & d'un parfum très-agréable; il mûrit au commencement d'Octobre.

Pyr. fructu magno, longo, viridi, autumnali.

La Verte-longue panache'e, ou *Suiffe*. C'eft une variété de la précédente; outre fes rayures jau-

Pyr. fructu magno, longo, viridi taaiolis luteis virgato autumn nali.

nes, elle est moins grosse ; mais elle a d'ailleurs toutes ses qualités.

Pyr. fructu maximo , ovoïdali, acuto , cinereo (aut viridi , aut rubente) autumnali.

LE BEURRÉ. Cette Poire très-grosse & en œuf pointu, est une des plus excellentes : sa chair fondante est fine , délicate & très-beurrée , sans devenir jamais pâteuse ; elle abonde en eau sucrée , relevée d'un goût aigrelet fin très-délicat. Ce fruit délicieux est cendré, quelquefois vert ou rougeâtre.

Pyr. fructu medio , ovoïdali-acuto , longo , glabro , è cinereo , viridi , æstivo.

L'ANGLETERRE , ou Beurré d'Angleterre. Elle n'est pas fort grosse ; sa forme plutôt alongée qu'ovale , a une petite pointe , & sa peau lisse est colorée d'un vert cendré.

Pyr. fructu magno , oblongo , citrino , autumnali.

LE DOYENNÉ , ou Beurré blanc , dit aussi Poire de Saint-Michel & de Bonne-ente. La chair de cette Poire est excellente & bien beurrée dans les années sèches ; son eau est sucrée , douce , quelquefois bien parfumée : on sait qu'elle est grosse , un peu alongée , & que sa peau colorée de jaune citron est extrêmement fine.

Pyr. fructu medio , longulo , glabro, citrino , autumnali.

LE BEZI DE MONTIGNI. Sa grosseur est médiocre, sa forme longuette, & sa peau lisse est colorée de Citrin ; la chair de cette Poire est très-abondante & sans pierre ; son eau est relevée d'un musc agréable.

Pyr. fructu magno , rotundo-turbinato, spissiùs viridi, non nihil flavescente , autumnali.

LE BEZI DE LA MOTTE. Il est gros, de forme ronde, un peu en toupie ; sa peau colorée d'un gros vert, jaunit cependant un peu ; sa chair est fondante, sans pierres ; son eau est douce & fort bonne : elle mûrit en Octobre & Novembre.

Pyr. fructu medio , turbinato-subrotundo, tæniis flavis , viridibus & sanguineis virgato autumnali.

LA BERGAMOTTE SUISSE. Cette Poire de moyenne grosseur est assez ronde, un peu en toupie , variée de bandes jaunes , vertes & de couleur de sang ; son eau est sucrée & abondante.

LA BERGAMOTTE D'AUTOMNE tient beaucoup de la précédente; ses couleurs ne sont cependant que blondes & roussâtres, & sa forme est plus applatie; sa chair beurrée est fondante, son eau fraîche est sucrée & un peu parfumée : cette Poire mûrit en Octobre, Novembre & quelquefois plus tard; elle est très-bonne.

Pyr. fructu magno, turbinato-compresso, partim flavescente, partim dilutè rufescente, autumnali.

LA BERGAMOTTE CADETTE, dite *Poire de Cadet*. Ce gros fruit, qui est presque fait en toupie, est coloré de jaune blond & d'un peu de rouge; sa chair & son eau sont agréables.

Pyr. fructu magno subturbinato, partim flavescente, partim leviter rubente autumnali.

LA POIRE DE JALOUSIE. Elle est grosse, comprimée; sa peau, qui est couleur de noisette, est élevée de papilles comme le chagrin; il faut cueillir ce fruit un peu vert, alors sa chair sera très-beurrée & beaucoup moins sujette à mollir; son eau est abondante, sucrée & relevée d'un parfum excellent.

Pyr. fructu magno, diametro compresso, papulato, avellaneo colore, autumnali.

LA POIRE FRANCHIPANNE. Sa chair demi-fondante est bonne & sans marc; son eau douce & sucrée, d'un goût comparé à celui de la Franchipanne; elle est agréable au goût & flatte beaucoup la vue.

Pyr. fructu medio, longo paululùm cucurbitato, partim citrino, partim intensè rubro, autumnali.

LA POIRE DE LANSAC, *Dauphine* ou *Satin*. Elle est au plus de moyenne grosseur, ronde, sa peau blonde est lisse & satinée; sa chair est fondante, son eau sucrée, d'un goût agréable & parfumée : elle se conserve souvent jusqu'en Janvier.

Pyr. fructu vix medio, rotundo, glabro, flavo, autumnali.

LA POIRE DE VIGNE, ou *Poire Demoiselle*. Il faut la cueillir un peu verte, pour qu'elle soit moins sujette à mollir; sa chair est beurrée, un peu fondante, son eau est fort bonne & d'un goût bien relevé; elle est petite, d'un gros vert & à queue extrêmement longue.

Pyr. fructu parvo, spissius cinereo, pediculo longissimo, autumnali.

LA PASTORALE, ou *Musette d'Automne*. Sa chair

Pyr. fructu

magno, longiori, cinereo, maculis rufis distincto, autumnali.

est fondante ; son eau est musquée & très-bonne : cette Poire cendrée & tachetée de roux, est grosse & alongée ; elle mûrit en Octobre, Novembre & Décembre.

Pyr. fructu magno subrotundo, obscurè flavescente, (vel cinereo, vel albido) autumnali.

LE MESSIRE-JEAN DORÉ. Cette Poire est grosse, assez ronde, colorée d'un jaune foncé, quelquefois cendrée ou blanche ; sa chair est cassante, son eau abondante, d'un goût très-relevé & excellent.

P. fr. medio, longissimo, hinc luteo, inde pulchrè & saturè rubro, autumnali.

LA BELLISSIME D'AUTOMNE, ou *Vermillon.* Elle est de grosseur médiocre, très-longue, colorée de jaune, de rouge vif & de rouge brun ; sa chair est cassante, son eau douce, relevée & abondante.

Pyr. fructu medio, oblongo, glabro, viridi autumnali.

LE SUCRÉ-VERT, de grosseur médiocre & alongé, a la peau lisse & verte ; sa chair est beurrée ; il a souvent quelques pierres autour des pepins ; son eau est sucrée & d'un goût délicat.

Pyr. fructu magno, pyramidato-obtuso-incurvo, flavescente maculis fusca-to, æstivo.

LA MANSUETTE, ou *Poire de Solitaire.* Sa chair demi-fondante est assez fine, son eau abondante relevée d'une légère âcreté ; cette Poire est grosse, de forme pyramidale, camuse & un peu courbée, blonde & marquée de taches rousses. Elle mûrit en Septembre, Octobre, &c.

Pyr. fructu parvo, pyriformi-cucurbitato, autumnali.

LA POIRE ROUSSELINE. Le tems de sa maturité est en Décembre : elle est petite & renflée en bouteille ; sa chair est fine, demi-beurrée & délicate ; son eau sucrée, musquée & très-agréable.

Pyr. fructu maximo, pyramidato-acuto, hinc e viridi flavescente, inde splendide rubro autumnali.

LE BON-CHRÉTIEN D'ESPAGNE. Cette Poire, aussi grosse que le Bon-Chrétien, est plus alongée, & a des couleurs plus vives ; elle est plus ou moins bonne suivant les années & les terreins ; elle est sèche, dure & cassante, ou tendre & pleine d'eau douce & de bon goût.

LA ÇRASANNE, ou *Bergamotte Crasanne.* On sait qu'elle est grosse, ronde & d'un vert cendré ; sa chair est très-fondante & beurrée ; son eau est fort abondante & parfumée ; elle est relevée d'une petite âpreté qui ne déplaît pas : tout le monde connoît son mérite.

Pyr. fructu magno, rotundo, e viridi cinereo, autumnali.

LA CRASANNE PANNACHE'E. C'est une variété de la précédente, qui n'en diffère pas par le fruit, si ce n'est qu'il est moins gros.

Pyr. foliis per limbos albis, fructu medio, rotundo, e viridi cinereo, autumnali.

LE BEZI DE CRESSOI, ou *Roussette d'Anjou.* Elle est petite, arrondie & verte tachetée de roussâtre ; sa chair est tendre & beurrée, & son eau fort agréable.

Pyr. fructu parvo, subrotundo, viridi, maculis subfuscato, autumnali.

LE DOYENNE' GRIS moins gros, plus court & plus tardif que le Doyenné proprement dit, dont il diffère aussi par sa couleur verte cendrée ; sa chair est beurrée, fondante & ne se cotonne point ; son eau est très-sucrée & d'un goût fort agréable.

Pyr. fructu medio, subrotundo glabro, e viridi cinereo, autumnali.

LA MERVEILLE D'HIVER, ou *le petit Oin.* Ce Poirier dans une bonne exposition, donne un excellent fruit ; sa chair est d'un beurré très-fin, fondante, sans pierre & sans marc ; son eau est sucrée, musquée & d'un goût très-agréable : il est de moyenne grosseur, demi-ovale, sa peau verdâtre est rude au toucher.

Pyr. fructu medio subovato scabro, subviridi, aumnali.

L'EPINE D'HIVER. La chair de cette Poire est fondante, délicate & d'un beurré très-fin ; son eau est douce, musquée & d'un goût délicieux : elle est grosse, longue ; sa peau est lisse & d'un vert blanc.

Pyr. fructu magno, longo, glabro, viridi albescente, autumnali.

LA LOUISE-BONNE. Cette Poire est grosse, pyramidale ; sa peau lisse est d'un vert pâle, sa chair demi-beurrée n'est point sujette aux pierres, ni à mollir ; son eau est abondante & douce.

Pyr. fructu magno, pyramidato glabro, e viridi albido, autumnali.

Pyr. fructu medio, pyriformi-acuminato, hinc melino, inde intense rubro, autumnali.

LE MARTIN SEC. On sait que cette Poire bien faite, de moyenne grosseur & pointue par sa queue, est d'un rouge foncé en dessus & d'un jaune rouge en dessous ; sa chair est fine, cassante, son eau sucrée, parfumée & agréable.

Pyr. fructu magno, pyramidato propè pyriformi, flavescente autumnali.

LA MARQUISE. Sa couleur est blonde, sa forme grosse pyramidale avec un renflement assez marqué ; la chair de cette Poire est beurrée & fondante ; son eau est sucrée, douce, rarement musquée.

Pyr. fructu medio, ovato subflavescente autumnali.

L'ECHASSERY, ou *Bezi de Chasserie*. Ce fruit médiocre, ovale, assez blond, a la chair fine, fondante & beurrée, son eau est sucrée, musquée & d'un goût agréable : cette Poire est très-bonne.

Pyr. fructu medio, subovato, albido, autumnali.

L'AMBRETTE a la chair fine & fondante ; son eau est sucrée & excellente, elle est de grosseur médiocre & de forme presqu'ovale.

Pyr. fructu magno, subovoïdali, hinc citrino, inde pulchre rubro, brumali.

LE BEZI DE CHAUMONTEL, ou *Beurré d'hiver*. Sa chair demi-beurrée est fondante & très-bonne ; son eau sucrée est relevée & agréable, le tems de sa maturité varie ; il s'en conserve ordinairement jusqu'à la fin de Février : cette Poire assez grosse, plus courte qu'ovale, a la peau colorée de jaune citron & d'un beau rouge.

Pyr. fructu magno, ovato, glabro, hinc sature rubro, inde dilute viridi, autumnali.

LA POIRE DE VITRIER est grosse, ovale, lisse, mi-partie d'un vert gai & d'un rouge foncé ; sa chair est peu fine, mais son eau d'un goût agréable.

Pyr. fructu magno, longo, incurvo, partim citrino, partim rufescente, brumali.

LA BEQUESNE. Cette Poire grosse, alongée & de forme courbe est très-bonne cuite & en compote ; sa peau est colorée de jaune citron & en partie de roussâtre ; sa chair est moëlleuse, son eau très-abondante est sans âcreté.

P. fr. medio,

LE BEZI D'HERI. Sa grosseur est médiocre ; sa

forme arrondie, sa peau est lisse, en partie jaune & en partie d'un vert blanc : cette Poire n'est passable que dans les bonnes terres fortes.

subrotundo, glab. hinc luteo, inde e viridi subalbido, autumnali.

Le Franc-Re'al est gros & pointu par les deux bouts, verdâtre, marqué de taches de rousseur ; cette Poire est très-bonne cuite.

Pyr. fructu magno, utrinque acuto, subvirescente, maculis furfuraceis, distincto, autumnali.

Le Saint-Germain, qu'on a aussi nommé l'Inconnue La Fare. Son eau est abondante & excellente, sa chair est beurrée & fondante ; cette Poire commence sur la fin de Novembre & dure jusqu'en Mars & Avril ; elle est grosse, de forme pyramidale, verte, pointillée de taches rousses.

P. fr. magno, pyramidato, viridi fuscis punctis distincto, brumali.

La Virgouleuse. La chair de cette Poire est tendre, beurrée & fondante, son eau est abondante, douce, sucrée & relevée ; c'est une des plus excellentes Poires ; elle est grosse, de forme pyramidale camusée, à peau lisse, d'un jaune citron.

P. fr. magno, pyramidato obtuso, glabro, citrino brumali.

La Poire de Jardin. Elle est grosse, en forme d'orange & mi-partie de jaune & d'un beau rouge foncé ; la chair de ce fruit, qui est fort bon, est demicassante, un peu grossière ; son eau est sucrée & fort agréable.

P. fr. magno, aurantii formâ partim flavo, partim pulchre & sature rubro, brumali.

La Royale d'hiver. Sa chair est demi-beurrée, fondante, très-fine ; son eau est sucrée dans les terreins secs & chauds, elle mûrit en Décembre, Janvier & Février ; cette Poire est bien faite, grosse, lisse, colorée d'un jaune citron & en partie d'un rouge agréable.

P. fr. magno, pyriformi, glabro, partim citrino, partim suaverubente, brumali.

L'Angleterre d'hiver. Cette Poire est bien faite & alongée sans être grosse ; sa peau citrine est mouchetée de taches jaunes ; sa chair est très-beurrée,

P. fr. medio, pyriformi-longo, citrino,

maculis flavis superfparfis, brumali. sans marc & sans pierres ; son eau est douce & agréable ; après le point de sa maturité, qui est au tems de la précédente, elle ne tarde pas à mollir.

P. f. magno, pyramidato-compresso, glabro, partim rubente, partim e citrino subalbido, brumali. **L'ANGÉLIQUE DE BORDEAUX.** Lorsque ce fruit est mûr, sa chair est cassante & bien tendre ; son eau est douce & sucrée ; cette Poire se garde long-tems ; elle est un peu moins grosse que le Bon-Chrétien, elle en tient par la couleur & la forme, plus applatie cependant & d'un jaune plus pâle.

P. f. parvo, longo utrinque acuto, luteo, non nihil rubente, brumali. **LE SAINT-AUGUSTIN.** Sa chair est ordinairement ferme, son eau est musquée, & dans les bons terreins abondante & parfumée ; cette Poire est petite, longue & pointue par les deux bouts ; jaune avec un peu de rouge.

P. f. magno, longiori, diluté virente, brumali. **LE CHAMP RICHE D'ITALIE.** Il est gros, de forme alongée & d'un beau vert, sa chair est demi-cassante sans pierres : ce fruit est très-bon cuit & en compotte.

P. fr. maximo, pyriformi-obtuso, viridi, maculis rufefcente, brumali. **LA POIRE DE LIVRE.** Cette Poire des plus grosses, de forme réguliere, un peu camuse, & de couleur verte avec des taches rousses, est excellente cuite, lorsque son eau est adoucie par sa maturité, qui plus serrée que celle du Catillac, ne dure qu'en Décembre, Janvier & Février.

Pyr. fr. omnium maximo, utrinque acuto citrino, superfparfis maculis fulvis, brumali. **LE TRÉSOR,** ou *la Poire d'Amour.* C'est la plus grosse de toutes les Poires ; elle est pointue par les deux bouts, colorée de citron, tachetée de marques fauves ; la chair de ce fruit est tendre & presque fondante lorsqu'elle est bien mûre ; son eau est abondante & douce sans âcreté : cette Poire qui peut se manger crue est excellente cuite.

P. f. medio, longulo, fca- **L'ANGÉLIQUE DE ROME.** Sa forme est alongée, sa peau raboteuse est jaune & teinte d'un peu de rouge ; cette Poire eſt groſſe, belle & bonne : dans un bon terrein un peu humide ſon eau ſera abondante, ſucrée & relevée ; dans une terre ſèche ce fruit ſera médiocre en volume & en bonté, ſa chair ſera caſſante & pierreuſe. *bro, luteo, paululum rubeſcente, brumali.*

LE MARTIN SIRE, ou *la Ronville.* Elle eſt groſſe, bien faite, alongée ; ſa peau eſt verte & liſſe ; ſa chair eſt caſſante ; il y a quelquefois des pierres auprès des pepins : ſon eau eſt douce, ſucrée, quelquefois un peu parfumée. *P. f. magno, pyriformi-longo, glabro, viridi, brumali.*

LA BERGAMOTTE DE PASQUES, ou *Bergamotte d'hiver,* très-groſſe, plutôt rónde qu'en toupie, colorée de vert & de roux ; ſa chair eſt demi-beurrée, ſon eau aſſez abondante, relevée d'un leger aigrelet qui ne déplaît pas : ce fruit mûrit en Janvier, Février & Mars. *P. fr. maximo, rotundo-turbinato, hinc viridi, inde leviter rufeſcente, brumali.*

LE COLMART, ou *Poire Manne.* Ce fruit eſt très-gros, en forme de pyramide très-courte ; il eſt vert & coloré d'un beau rouge du côté du ſoleil, ſa chair eſt bien fine, beurrée & fondante ; ſon eau eſt très-douce, ſucrée & relevée : enfin cette Poire eſt excellente, & dure quelquefois juſqu'en Avril. *P. fr. maximo, pyramidato ad turbinatum accedente, hinc viridi, inde dilutiùs rubente, brumali.*

LA BELLISSISME D'HIVER. Sa chair eſt tendre, très-moëlleuſe étant cuite ; ſon eau eſt douce, abondante, ſans âcreté, relevée d'un petit goût de ſauvageon : cette belle Poire ſe conſerve juſqu'en Mai, elle eſt prodigieuſement groſſe, preſque ronde, ſa peau liſſe & blonde eſt colorée d'un fort beau rouge. *Py. fr. quàm maximo, ſubrotundo, glabro, partim flavo, partim pulchrè-rubro ſerotino.*

LE TONNEAU. Cette Poire doit ſon nom à ſa forme ; elle eſt très-bonne cuite & en compotes, elle eſt de couleur citrine & colorée en partie d'un beau rouge. *P. fr. maximo dolioli formâ, partim citrino, partim pulchrè rubente, brumali.*

LA POIRE DONVILLE. Elle eſt de moyenne groſ- *P. fr. medio, ûtrinque acuto, glabro, hinc citrino, inde rubro, brumali,*

feur, pointue par les deux bouts; fa peau est liffe ; citrine en partie, & en partie rouge; fa chair est caffante & fans pierres; fon eau, quoiqu'un peu âcre, est relevée & affez agréable : ce fruit est fort bon cuit ; il peut être mangé crud, & fe conferve jufqu'en Avril.

P. fr. medio, pyriformi partim citrino, partim pulchre & intenfe rubro, brumali.

LE TROUVÉ, ou *la Poire de Prince*, dit auffi *Trouvé de Montagne*. La chair de cette Poire eft caffante, fans pierres, fon eau eft abondante, fucrée & agréable : lorfque ce fruit eft bien mûr, il fe mange crud, & eft excellent cuit & en compotes; fa groffeur eft moyenne, fa forme régulière; fes couleurs en partie jaune citron, en partie d'un beau rouge foncé.

P. fr. maximo, pyramidato-truncato, partim citrino, partim dilute rubente, brumali.

LE BON-CHRÉTIEN D'HIVER. Cette Poire, à laquelle on donne ordinairement l'honneur de la prééminence, eft extrêmement groffe, de la forme d'une pyramide tronquée, colorée de citron & de rouge ; quoique fa chair foit caffante, elle eft tendre & fine, fon eau abondante, fucrée, douce & un peu vineufe.

P. fr. maximo, plerumque pyriformi obtufo, partim buxeo, partim obfcure rubente, ferotino.

LE CATILLAC. Il eft auffi gros & de même forme que la Poire de livre ; il a la peau couleur de buis & en partie d'un rouge obfcur ; cette Poire eft très-bonne cuite & prend une bonne couleur au feu; elle eft d'ufage jufqu'en Mai.

P. fr. parvo, pyriformi, partim viridiori, partim obfcure rubente, brumali.

LE ROUSSELET D'HIVER. C'eft un vrai Rouffelet par fa forme & fa couleur, fa chair eft demi-caffante, & laiffe un peu de marc dans la bouche; fon eau eft affez abondante & d'un goût affez relevé.

P. f. med. aurantii formâ, compreffo, fpiffius virente, brumali.

LA POIRE D'ORANGE D'HIVER. Sa chair eft fine, caffante & fans pierres, l'eau eft très-mufquée & affez agréable : elle mûrit en Février, Mars & Avril.

P. fr. magno, prope pyrifor-

LA BERGAMOTTE DE SOULERS, ou *Bonne de Soulers*. Elle eft groffe, affez bien faite, colorée de blond & d'un rouſsâtre gai ; ſa chair eſt fondante, beurrée & ſans pierres, ſon eau ſucrée eſt d'un goût fort agréable. — mi, hinc flaveſcente, inde dilute rufeſcente, brumali.

LE POIRIER DOUBLE-FLEUR. Au petit mérite d'avoir ſes fleurs ſemi-doubles, ce Poirier joint celui d'avoir le fruit gros, de forme applatie en toupie, la peau liſſe, bien colorée de vert & de rouge foncé ; ſa chair abondante en eau eſt ſans pierres & prend beaucoup de couleurs au feu ; cette Poire eſt très-bonne cuite & en compotes. — P. flore ſemi-pleno, fructu magno, turbinato-compreſſo, glabro partim viridi, partim intenſe rubro, brumali.

LA DOUBLE-FLEUR PANACHE'E. Cette Poire, plus arrondie que la précédente, eſt agréablement rayée de bandes vertes & de bandes blondes, & mouchetée de taches rouges. — P. flore ſemipleno, fructu magno rotundo, compreſſo, viridibus & flavis tæniis & maculis rubris diſtincto, brumali.

LA POIRE DE PRETRE. Sa chair eſt demi-caſſante, aſſez fine ; ſon eau a un petit goût aigrelet qui plaît ; ſa couleur eſt un vert cendré ; elle eſt groſſe & preſque de la forme d'une pomme, — P. fr. magno, ad mali formam accendente, e viridi cinereo, brumali.

LA POIRE DE NAPLES. Elle eſt de moyenne groſſeur & un peu renflée en courge, ſa peau liſſe eſt blonde & en partie légérement teinte de rouſsâtre ; ſa chair eſt demi-caſſante, quelquefois un peu beurrée; ſon eau eſt douce & agréable. — P. fr. modio, non nihil cucurbitato, glabro, hinc flaveſcente, inde leviter rufeſcente brumali.

LE CHAT-BRULE'. Cette Poire eſt fort belle, ſa chair eſt fine & prend une fort jolie couleur au feu ; elle eſt propre à faire d'excellentes compotes : ſa peau eſt agréablement colorée de rouge & en partie de jaune. — P. fr. medio, pyriformi, glabro, ſplendido, partim citrino, partim pulchre & dilute rubente, brumali.

LE MUSCAT L'ALLEMAND. Sa chair eſt beurrée & fondante ; ſon eau eſt muſquée & aſſez relevée : cette Poire ſe conſerve ſouvent juſqu'en Mai; elle eſt — P. fr. magno, pyriformi, partim cinereo, partim rubro, ferotino. groſſe, bien faite, colorée de rouge & de gris cendré.

P. f. medio, pyramidato-obtuſo, glabro, viridi, ferotino. *L'IMPERIALE à feuilles de Chêne.* Elle eſt liſſe, verte, de moyenne groſſeur & de forme pyramidale un peu camuſe; ſa chair eſt demi-fondante, ſon eau eſt ſucrée & bonne : elle mûrit en Avril & Mai.

P. fr. medio, ferè pyriformi, flavo, ferotino. *LE SAINT-PERE,* ou ſelon d'autres, *Saint-Pair.* Sa forme eſt régulière, ſa couleur blonde & ſa groſ-ſeur moyenne; ſa chair eſt tendre & ſon eau abon-dante : cette Poire qui peut ſe manger crue dans ſa parfaite maturité, eſt excellente cuite & en compotes; elle commence à mûrir en Mars & ſe conſerve juſ-qu'en Juin.

P. fr. magno, turbinato, partim viridi, partim rubro, maximè ferotino. *LA POIRE A GOBERT,* ou *d'Angobert.* Cette Poire, qui ſe garde juſqu'au mois de Juin, eſt groſſe, formée en toupie, ſa peau eſt verte & rouge, ſa chair muſ-quée & demi-caſſante.

P. fr. maximo, prope turbinato, viridi, maximè ferotino. *LA BERGAMOTTE DE HOLLANDE, Amoſelle,* ou *Bergamotte d'Alençon.* Elle eſt auſſi très-groſſe, verte & en toupie; ſa chair eſt très-bonne & demi-caſſante, ſon eau eſt abondante, agréable & aſſez relevée; enfin elle ſe peut garder juſqu'en Juin, & mérite d'être cultivée.

P. fr. medio, longiſſimo e flavo ſubvi-reſcente, ma-culis fulvis diſtincto, ferotino. *LA POIRE DE TARQUIN.* Sa chair eſt caſſante, fine & aqueuſe, ſon eau eſt d'un goût aigrelet aſſez agréable; elle eſt moyennement groſſe & très-allon-gée, ſa peau eſt colorée d'un vert pâle & marquée de taches rouſſes.

P. fr. medio, utrinque acu-to, hinc luteo, inde obſcure rubeſcente, maximè ſero-tino. *LE SARASIN* eſt de moyenne groſſeur, pointu par les deux bouts, jaune en partie & en partie rouge; ſa chair eſt ſans pierres demi-beurrée dans ſon extrême maturité, ſon eau eſt ſucrée, relevée & un peu par-fumée; cette Poire eſt excellente cuite & en compotes, & ſe garde plus long-tems qu'aucune autre.

LES

LES COIGNASSIERS.

ENTRE autres le *COIGNASSIER*, ou *COIGNIER DE PORTUGAL*, dont les fruits font admirables pour leur beauté.

LES POMMIERS.

LE *CALVILLE D'ETÉ*. Cette Pomme mûrit à la fin de Juillet ; mais on la mange en compotes au commencement de ce mois, fa maturité diminuant fon mérite, parce qu'elle devient cotonneufe : elle eft d'une forme conique, à côtes petites & d'un rouge agréable.

Malus fructu parvo, fub-conico, coftato, pulchrè rubro præcoci.

LA *POSTOPHE D'ETÉ*. Elle reffemble beaucoup au Calville par fon goût & fa chair grainue ; cette Pomme, qui mûrit vers la fin de Juillet, eft rouge & de moyenne groffeur ; on remarque qu'elle ne renferme que quatre logettes au lieu de cinq.

Malus fructu medio, rubro, quadriloculari, carne granofâ æftivo.

LA *PASSE-POMME ROUGE*. Quoiqu'elle ne foit en parfaite maturité qu'au mois d'Août, on peut l'employer en compotes au tems du Calville d'Eté. Elle eft d'un beau rouge, petite & platte.

Malus fructu parvo, globofo-compreffo, pulchrè rubro æftivo.

Il y a en outre une *Paffe-pomme d'Automne*, dite Pomme d'Outre-paffe, ou *Générale*, & une troifième qui eft la *Paffe-pomme blanche*.

LE *RAMBOUR FRANC*. C'eft une des plus groffes Pommes, de forme applatie, de couleur blanche fouettée de rouge ; fa chair eft un peu groffiere ; mais

Malus fructu maximo-compreffo, albido, tæniolis

D

étant cuite, elle eſt légère & fort bonne ; ſon eau eſt d'un aigrelet que le feu émouſſe & rend agréable ; elle mûrit au commencement de Septembre & dure juſqu'à la fin d'Octobre ; cuite & en compotte elle eſt très-eſtimée.

rubris virgato autumnali.

Malus fructu medio, oblongo, rubello, tæniolis intenſe rubris virgato, autumnali.

LE PIGEONNET. Cette Pomme eſt très-eſtimée, quoiqu'elle ne ſe conſerve que juſqu'en Novembre ; elle eſt de moyenne groſſeur, allongée, rougeâtre & fouettée de bandes plus rouges : ſa chair eſt blanche, fine & très-agréable au goût.

Malus fructu medio, compreſſo, luteo, acidè dulci, autumnali.

LA REINETTE JAUNE HATIVE. La chair de cette Pomme eſt tendre, un peu ſujette à devenir cotonneuſe, ſon eau abondante, moins relevée que celle des autres Reinettes ; c'eſt cependant une des meilleures Pommes de ſa ſaiſon ; mais elle a le défaut de ne durer que juſqu'au commencement d'Octobre.

Malus fructu medio, aureo, inodoro, autumnali.

LE FENOUILLET JAUNE, dit *Drap d'Or* pour ſa belle couleur. Il tient des autres Fenouillets, ſa chair eſt blanche, ferme ſans marc & preſque ſans odeur, plus délicate que celle du Fenouillet gris ; ſon eau douce, relevée, fort agréable ; on regarde avec raiſon cette Pomme, comme une des meilleures ; mais elle paſſe rarement le mois de Novembre ſans ſe pourrir, & trop mûre elle eſt cotonneuſe.

Malus fructu magno, glabro, formâ eximiâ, rutilato, autumnali.

LE VRAI DRAP-D'OR. La chair de cette Pomme eſt légère, un peu grenue, ſujette à devenir cotonneuſe ; elle ſe conſerve juſqu'à la fin de Décembre & ſe fait regretter en nous quittant. Sa forme eſt très-belle & ſa peau liſſe d'un jaune doré brillant.

Malus fructu medio, ſaturè rubro, punctis flavis diſtincto, acidè dulci, autumnali.

LA REINETTE DE BRETAGNE. Ce fruit eſt très-bon & ſe conſerve quelquefois juſqu'à la fin de Décembre ; ſa peau fort rouge eſt piquetée de points jaunes ; ſa chair ferme, caſſante, d'un blanc qui tire ſur le jaune & fort odorante. Son eau eſt abondante,

fucrée, relevée, quoique moins aiguifée d'aigrelet
que les bonnes Reinettes.

LE *CALVILLE ROUGE*. On la connoît pour une
groffe Pomme à côte dont la peau eft d'un rouge
foncé, la chair grainue eft teinte de rofe, fon eau eft
d'un goût relevé, vineux & agréable; on croit y
fentir une petite odeur de violette. Mais comme la
commune ne fe garde pas long-tems, on doit lui préférer la Calville rouge Normande de Merlet qui fe
conferve jufqu'à la fin de Mars.

Malus fativa fructu magno, intenfe ruben-te violæ, odo-re.

LE *FENOUILLET GRIS*, ou *Anis*. La chair de cette
Pomme eft tendre, fine, fans odeur; mais fon eau
eft fucrée & parfumée de fenouil dans le point de
maturité où elle commence à faner : plus tard elle
feroit cotonneufe; cette Pomme mûrit en Décembre
& fe garde jufqu'en Février; c'eft une variété du gros
Fenouillet, dont elle ne diffère que par la groffeur
& par le goût un peu moins relevé; fa couleur eft un
jaune brun.

Malus fructu parvo, ful-vaftro, ino-doro, brumá-li.

LE *FENOUILLET ROUGE*, *Bardin*, ou *Courpendu*
de la Quintinie. Il eft diftingué du Fenouillet gris par
fa peau plus foncée, fouettée d'un rouge brun du
côté du foleil, & par fa queue, qui eft groffe & fort
courte, d'où elle eft nommée Courpendue; fa chair
eft plus ferme, d'un goût plus relevé & plus fucré.
Elle fe conferve auffi plus long-tems, quelquefois jufqu'à la fin de Février.

Malus fructu medio, cine-reo, maculis rubro-fufcis ad folem diftinc-to, brumali.

LE *POMMIER DOUX*, *Doux à trochet*. Elle eft
médiocre en groffeur, allongée en pain de fucre, de
couleur verte fouettée de rouge; la chair de cette
Pomme eft ferme, fans marc, ayant peu d'odeur;
fon eau eft douce, fort agréable & peu relevée; ce
fruit, qui n'eft point affez commun dans ces cantons,
mûrit en Décembre & fe garde long-tems.

Malus fructu medio (vel parvo) fub-conico, viri-di, lineis e vanide rubris, virgato, bru-mali.

Malus fructu medio, conico, glabro, roseo, quadriloculari, brumali.

LE PIGEON, *Cœur de Pigeon*, ou *Pomme de Jérusalem*. C'est une très-jolie pomme à la vue & au goût; elle est de moyenne grosseur, en pain de sucre; sa peau est lisse, couleur de rose, sa chair fine très-délicate, grainue, légère, ferme & blanche; son eau a une acidité agréable. On observe qu'elle n'a que quatre logettes.

Malus fructu magno, compresso, glabro, saturè rubro, brumali.

LE GROS FAROS. Sa chair est ferme, fine, son eau très-bonne, abondante & relevée; c'est une excellente pomme, qui se conserve jusques vers la fin de Février; elle est grosse, applatie, lisse & d'un rouge foncé.

Malus fructu medio oblongo, glabro, purpureo, brumali.

LE PETIT FAROS. Cette Pomme très-bonne se conserve aussi jusqu'en Février; elle est moins grosse, allongée, lisse & de couleur pourprée; sa chair est blanche, un peu grainue, & son eau des plus agréables.

Malus fructu medio, compresso, flavo, acidè, dulci, brumali.

LA REINETTE DORÉE, ou *Reinette jaune tardive*. Cette Pomme trop rare est comparable à la Reinette franche; elle mûrit en Décembre & se passe en Février quand l'autre commence; sa chair est blanche, ferme, fine, odorante, son eau abondante, très-sucrée & presque sans acide.

Malus fructu medio, aureo, acidè dulci, brumali.

LA POMME D'OR, ou *Reinette d'Angleterre*. Elle tient de la Reinette franche pour sa chair; son eau est abondante, d'un goût sucré & bien relevé; elle est excellente & mérite de devenir commune.

Malus fructu maximo, costato, e viridi luteo, acidè dulci, brumali.

LA GROSSE REINETTE D'ANGLETERRE. En effet elle est très-grosse, à côtes relevées & d'un vert jaunâtre; c'est une très-belle pomme; mais sa chair est moins ferme que celle de la Reinette franche, & son eau un peu moins relevée: elle mûrit aussi en Décembre, Janvier & Février.

L'API. Sa chair fans odeur eft très-fine, blanche, croquante, fans marc & ne fe fanne point; l'eau en eft douce, fraîche & agréable; cette jolie pomme fe conferve fouvent jufqu'en Mai : fa peau liffe & brillante colorée en partie d'un vert jaunâtre, & en partie du plus beau rouge pourpré, fait l'ornement des defferts de cette faifon. *Malus fructu parvo, glabro, hinc fubflavefcente, inde fplendide purpureo inodoro, brumali.*

L'API NOIR. On cultive peu cet arbre, dont le fruit n'a pas les qualités du précédent; car il fe conferve moins long-tems & eft un peu fujet à fe cotonner, fa couleur très-brune eft fon feul mérite. *Malus fructu parvo, compreffo, glabro nigricante, inodoro, brumali.*

LE POMMIER NAIN DE REINETTE. Ce pommier greffé fur fauvageon ou fur Doucin, refte plus nain que les autres efpeces fur Paradis; & lorfqu'il eft greffé fur ce dernier, il égale à peine un pied de giroflée : fon fruit paroît être une variété de la Reinette blanche, ayant fa forme, fa couleur, fa confiftance & fon goût. *Malus pumila fructu, medio, albido, acide dulci, brumali.*

LA REINETTE BLANCHE. Sa chair eft blanche, tendre, très-odorante; elle fe cotonne plutôt qu'elle ne fe fanne; fon eau abondante eft d'un goût agréable peu relevé; cette Pomme mûrit en Décembre, & ne paffe pas le mois de Mars. *Malus fructu vix medio, albido, acide dulci, brumali.*

LA NON-PAREILLE. Cette Pomme eft groffe, applatie, d'un vert blond, fa chair tendre, fon eau agréable, relevée d'un peu d'acide, fon goût approche de celui de la Reinette, cette Pomme eft très-bonne; elle mûrit en Janvier, Février & Mars. *Malus fructu magno, compreffo, e viridi flavefcente, acidulo, brumali.*

LE CAPENDU. Elle eft petite & mi-partie d'un rouge brun & d'un rouge pourpré; cette Pomme, qui fe conferve jufqu'à la fin de Mars, a la chair fine, l'eau aigrelette & fort agréable. *Malus fructu parvo, hinc atro-rubente, inde purpurafcente, brumali.*

LA HAUTE-BONTÉ. Sa forme eft celle de la pré- *Malus fructu*

magno, com- cédente, elle s'en diſtingue par ſes côtes & par un
preſſo, coſta- vert plus gai, ſa chair eſt tendre, délicate, fort odo-
to, lætè viri- rante; ſon eau abondante eſt relevée d'un aigrelet
di brumali. fin. Cette Pomme ſe conſerve juſqu'en Avril.

Malus fructu LA POMME NOIRE. Sa chair eſt blanche, ſans
minimo, glo- odeur; ſon eau fraîche eſt douce : cette petite Pom-
boſo, glabro, me, qui ſe conſerve long-tems, eſt encore plus noire
nigricante, que l'Api noir.
inodoro, bru-
mali.

Malus fructu LA REINETTE GRISE DE CHAMPAGNE. Ceux qui
medio, com- n'aiment pas l'odeur & l'acidité des autres Reinettes,
preſſo, e cine- leur préférent celle-ci; ſa chair caſſante a peu d'o-
reo fulvaſtro, deur; mais ſon eau eſt ſucrée & fort agréable : cette
inodoro, bru- Pomme ſe garde long-tems.
mali.

La *Pomme-poire,* qu'on ne comprend pas parmi
les bons fruits, eſt par ſa forme & ſa couleur aſſez
ſemblable à certaines Reinettes griſes; on ne la regarde cependant pas comme une variété, ſa chair eſt
plus dure, ſèche & d'un goût moins relevé; ſon mérite conſiſte en ce qu'elle ſe conſerve long-tems.

Malus fructu LA REINETTE ROUGE. Outre ſa couleur mi-partie
magno, hinc de blanc & de rouge, ſa chair d'un blanc un peu jau-
rubro, inde nâtre, & ſon eau d'un aigrelet plus relevé que celle
albido, acidè- de la Reinette franche, la diſtinguent de cette derniere
dulci, bruma- avec laquelle pluſieurs la confondent; elle paroît en
li. être une variété & lui eſt peu inférieure; mais elle
ne dure pas auſſi long-tems.

Malus fructu LE RAMBOUR D'HIVER. Quoiqu'elle ait un petit
maximo, com- retour d'âcreté, elle eſt fort bonne cuite ou en com-
preſſo, hinc pottes, ſa chair eſt tendre. Elle ſe conſerve juſqu'en
albido, inde Mars; ſa couleur eſt en partie blanche & en partie
flavo, punctis jaune, elle a auſſi des points & des lanieres d'un
& tæniolis ſan- rouge ſanguin.
guineis diſtin-
cto, brumali.

Malus fructu LA POMME VIOLETTE. Cette Pomme de moyenne
medio, lon- groſſeur & fort alongée a la chair fine & délicate;

ſon eau qui tient un peu de celle du Calville, eſt ſucrée, douce & un peu parfumée de violette; on peut la regarder comme une des meilleures Pommes : il s'en garde juſqu'en Mai. — giori, ſapore violæ, ſerotino.

LE GROS API, ou *Pomme-roſe*. Sa chair eſt très-blanche, ſans marc, moins ferme & moins fine que celle du petit Api; ſon eau eſt abondante & aſſez agréable; quelques-uns croient y trouver un petit parfum de roſe; elle ſe conſerve long-tems : elle eſt de moyenne groſſeur, applatie & d'un gros rouge pourpré. — Malus fructu medio, comreſſo, ſature purpureo, inodoro, brumali.

LA POMMR ÉTOILÉE, ou *Pomme d'Etoile* eſt petite & a cinq angles; ſa couleur eſt mi-partie de jaune & d'un rouge jauniſſant; ſa chair ferme, un peu groſſiere; ſon eau tient un peu du ſauvageon : le plus grand mérite de cette Pomme eſt de ſe conſerver juſqu'en Juin. — Malus fructu parvo, Pentagono, partim luteo, partim e rubro flaveſcente, ſerotino.

LA REINETTE GRISE. Sa forme eſt applatie, ſa chair eſt ferme, fine, d'un blanc jaune; elle abonde en eau ſucrée, relevée d'un acide très-fin & fort agréable, ce qui la fait regarder par pluſieurs comme la meilleure de toutes; elle ſe conſerve preſqu'auſſi long-tems que la Reinette franche. — Malus fructu magno, compreſſo, cinereo, acidulè-dulci, brumali.

LA POSTOPHE D'HIVER. Quoique ſon eau ſoit moins relevée que celle des Reinettes, elle a cependant un aigrelet aſſez fin pour la rendre agréable : cette Pomme n'ayant que de bonnes qualités mérite d'être commune; elle ſe conſerve iuſqu'en Mai & ſouvent au-delà. Elle eſt groſſe, applatie, mais à côtes d'un rouge pourpré inégal. — Malus fructu magno, compreſſo, glabro, prominenter coſtato, hinc ſaturè, indè dilutè purpureo, ſerotino.

LA REINETTE FRANCHE. La chair de cette Pomme eſt ferme, blanche, jaunit un peu dans ſon déclin; ſon œ a relevée, ſucrée & d'un goût très-agréable, la fait regarder comme la Reine des Pommes : — Malus fructu magno, acidè-dulci, ſerotino.

elle a de plus la qualité de se conserver jusqu'aux nouvelles & commence à mûrir en Février.

On distingue plusieurs variétés de Reinettes franches qui ne diffèrent que par leur forme ou couleur, comme la *Reinette rousse*, qui est un excellent fruit, d'un goût très-fin & bien relevé, ainsi nommée parce qu'elle est couverte de plusieurs taches rousses.

Malus fructu magno, albido, glaciato.

LA POMME DE GLACE, ou *Transparente*. Il ne la faut point manger trop mûre; à son point sa chair est tendre, son eau abondante & relevée d'acidité, ce qui rend cette pomme très-bonne cuite ou séchée au four : lorsque sa maturité est passée, sa chair devient ferme, de couleur verdâtre & transparente.

Malus fructifera flore fugaci.

LA POMME-FIGUE. Ce Pommier intéresse plus la curiosité que l'économie; son fruit est de forme irrégulière, & sa peau d'un vert jaunâtre lavée de rouge brun du côté du soleil : ses fleurs rassemblées en bouquet sont couvertes dans toutes leurs parties de duvet; elles sont dépourvues des pétales qui se voient dans toutes les autres, ce qui a fait dire que ce fruit se formoit sans fleurs, comme on le pensoit aussi alors de la Figue, dont les fleurs sont intérieures, & répondent à chacun des grains qu'elle renferme.

N. B. Le sieur ANDRIEUX fournira sans délai des principales sortes de Pommes greffées sur Paradis de différens âges, & fera greffer les autres si l'on souhaite sur les demandes qui lui en seront faites.

Il espère aussi offrir dans peu aux curieux des greffes & même des sujets greffés de la monstrueuse Reinette de Canada, excellente à manger, & qui pèse entre une livre & cinq quarterons.

Il prie aussi les Curieux de lui adresser chaque année dès l'automne, s'il est possible, l'état des arbres qu'ils souhaiteront avoir; ils seront plus certains d'être satisfaits sur tous les articles.

FIN.

INDEX

C. à LINNÉ

NOMINUM TRIVIALIUM.

FINIS.